国家社科基金青年项目（17CSH016）成果

大数据背景下公众参与环境治理的程度评估与作用机制研究

史亚东 ◎著

Research on the Degree Evaluation and
Mechanism of Public Participation in

ENVIRONMENTAL
GOVERNANCE

under the Background of Big Data

中国财经出版传媒集团

经济科学出版社
Economic Science Press

·北京·

序

　　人们关心生态环境问题，与经济社会发展和生活水平提高密切相关。随着可持续发展理念深入人心，生态环境作为一个公共管理问题日益成为人们关注的焦点。可持续发展的共同性特点要求广泛的公众参与，其参与范围、程度、效果直接影响着一个国家可持续发展战略的实施。公众参与环境治理就是要构建一种新型环境治理的框架和模式，它具有改善环境管理、促进社会和谐的工具价值。然而，关于公共参与环境治理的研究涉及的领域非常广泛，它涉及经济学、社会学、政治学、法学等各个领域。在评价环境治理公共参与时，因学科壁垒和专业知识的局限，人们常常管窥蠡测，视角难免狭窄，观点难免片面，鲜有跨学科且有价值的研究成果。另外，依据既定理论与经验进行定性研究的成果很多，即使是有定量研究，也多局限在传统的问卷调研和分析上。这种方法虽然能直面事物的基本特征，但往往略去了同质性在数量上的差异，其局限性显而易见。一门科学只有当它成功地运用数学时，才能达到真正完善的地步。定量研究的好处是调查结果容易量化、便于统计处理与分析等。但尽管相关统计分析软件可以进行数据分析，有些甚至能直接设计问卷，仍然存在很多缺点，如问题可能过多或过少，有时难以体现设计者的动机和思维过程，开放式的问题又存在回收质量以及难以分析和统计等。因此，即便是现有基于问卷分析的调查结果，也未必能反映真实的世界。

　　基于这样的现实，史亚东博士主持的国家社会科学基金青年项目"大数据背景下公众参与环境治理的程度评估与作用机制研究"，在系统梳理环境治理公众参与程度的传统评价方法基础上，借助于大数据分析技术和方法，提出了反映公众环境参与程度的创新方法和指标，并对公众环境参与程度评价进行了尝试性的探索，很有现实意义和学术价值。阅读全书，我以为在以下三个方面特别值得称道。

第一，试图打破学科界限和壁垒，突破传统经济学或社会学等单一学科对公众参与程度的评估，尝试在社会资本理论的视域下构建起一个打破学科边界、实现多学科融合的公众参与环境治理的理论框架。学科交叉的意义在于，它既可以实现知识整合，以更好地理解和解决问题；又可以激发创新思维，产生新的思路和想法，有助于推动学科的进步。

第二，利用大数据分析技术，构建起评估公众参与环境治理程度的创新方法，补充和替代了传统的方法和指标，丰富了社会调查分析的方法和工具。应用最新科技发展和大数据的意义在于，它通过处理各种分散的、海量数据之间的联系并进行整理分析，能清晰地揭示事物的本质和洞察社会发展规律；它超出直观以洞悉以往不能发现的问题，从而推论预测事物未来的趋势和走向。

第三，紧追时代步伐，做到定性和定量的结合。随着互联网等信息技术的发展，网络问政、网络社交媒体平台、新的表述和诉求等不断涌现，需要研究者高度关注。基于我国公众环境参与的制度建设、环境信息传播、环境社会组织发展以及环境教育水平等因素的分析，作者创新性地构建了评价指标，以此来检验公众环境参与对环境政策实施效果、污染物排放量、公众环境行为、政府环境行为以及在资本市场上社会责任投资表现的影响等，验证与分析了公众环境参与的作用机制。

然而，发现科学规律的研究总是具有阶段性的，科学研究本身就是一步一步接近真理的过程。史亚东博士的这项研究虽然具有创新和探索的意义，但只是把相关研究向前推进了一步，远没有达到接近真理的地步。同时，评价指标的甄选，是一个信息丢失的过程，也要做好被人们质疑和批评的思想准备。

但不管怎样，基于这部著作的探索和创新性，仍然能够使读者获取有用的信息甚至教益。

是为序。

刘学敏

2023 年 7 月 23 日

P 前言
PREFACE

　　以公众参与作为突破点提升环境治理水平正日益引起决策者和研究人员的重视。一方面，治理理论强调治理主体的多元化；另一方面，推进包括公众参与在内的环境非正式制度建设，正是发展中国家避免照搬发达国家政策工具，创新自身环境治理模式的有效途径。然而，综观现有的相关研究，大部分仍停留在如何完善制度建设的定性研究方面，从定量的角度系统地提出评估公众环境参与程度的方法，并对其作用机制进行实证检验的研究相对较少。另外，由于公众参与的话题广泛涉及政治学、社会学和经济学等领域，所以目前研究呈现一定程度的学科壁垒高筑和研究视角散乱的现状。在定量评估公众环境参与程度时，环境社会学通常利用问卷调查的方法获得对公众环境意识的定量评价；而经济学则通常以环境信访量、电话和网络的投诉量等指标来替代。随着时代发展，上述指标在应用评估我国公众环境参与程度以及检验公众环境参与的作用效果时，越来越受到限制。一方面，调查问卷的方法存在一些固有缺陷；另一方面，传统信访或电话投诉的相关指标难以反映我国公众环境参与方式、渠道和内容等方面的变化。鉴于此，本书力图打破学科界限，在系统梳理公众环境参与程度的传统评价方法基础上，借鉴大数据分析技术和方法，提出反映公众环境参与程度的创新方法和指标。并且进一步地利用这些创新性的指标数据，对公众环境参与的作用机制进行了实证检验。由此，本书的研究对于跨越学科壁垒、打造学科融合交叉点，以及将大数据方法应用到社会调查和分析之中，作出了有益的尝试。

本书的主要内容分为如下两个部分，共四个章节。

第一部分内容是对公众环境参与程度的系统性评估。本书从传统方法的介绍和新方法的创新两个角度，较为系统和全面地展现了对公众环境参与程度的评估。第一章从定量和定性两个角度，较为全面地梳理了社会学和经济学对公众环境参与程度的评估。从定量的角度，总结了具有代表性的有关公众环境意识调查的主要方法和结论，收集和分析了反映公众环境参与程度的传统指标，如环境信访量、人大和政协委员建议、热线举报投诉量等；从定性的角度，分析了当前我国公众环境参与的制度建设情况、环境信息传播情况、环境社会组织发展状况，以及环境教育水平发展等因素。除此之外，还详细回顾了我国公众参与环境治理的经典案例，并以大学生群体为对象，进行了环境参与的社会调查。

第二章是利用大数据分析技术和方法，构建起评估公众环境参与程度的创新方法。具体来说，研究展现了大数据背景下三种不同模态的指标构建：一是利用网络搜索行为数据，根据公众环境关心的概念内涵，建立相关环境关键词词库，根据层次分析法构建公众环境关心指数；二是利用网络问政空间上公众留言的文本数据，进行数据挖掘和文本分析，在机器学习的辅助下得到反映公众环境诉求的相关数据；三是利用主要社交媒体平台上环境相关博文的转发、评论和点赞数据，获得公众环境关注指数。在本章最后，利用熵值法，将多个指数进行融合，对研究期间内我国公众环境参与程度的变化发展进行了分析。

第二部分内容是对公众环境参与作用机制进行理论构建与实证检验。第三章首先详细阐述了公众环境参与的多重理论源流，并尝试在社会资本理论视角下构建起一个融合多学科的公众环境参与的理论框架。接下来利用博弈论模型，刻画出公众与政府和企业等其他治理主体之间，二元和多元博弈下的策略行为，为检验公众环境参与的作用机制提供了理论基础。

由于问卷调查方法所存在的一些固有缺陷，传统对公众环境参与程度评估的指标除了用于评价分析之外，难以应用对其作用机制的效果检验。本书第四章利用前述构建的创新性评价指标和实证分析的方法，检验了公众环境参与对环境政策实施效果、污染物排放量、公众环境行为、政府环境行为，以及资本市场上社会责任投资表现的影响，较为全面地验证与分析了公众环境参与的作用机制。

　　总体而言，本书的重要观点可以归纳为以下几点。

　　第一，公众环境参与涉及社会政治、经济等诸多方面，公共治理理论、环境经济学和制度经济学理论，以及社会资本理论等，分别从公众环境参与的"必然性"、作为一种制度和政策工具的有效性，以及公众参与的行为动机和路径实现等角度，为阐释公众环境参与提供了理论基础。虽然研究公众环境参与涉及的学科理论众多，但借助于社会资本理论丰富的内涵、所采用的理性选择范式，以及其由微观到宏观双向影响的研究视角，公众环境参与的多重理论源流可以在社会资本理论的视角下进行深入融合，从而构建起一个跨越学科界限的理论框架。

　　第二，在互联网已经成为公众获取信息主流渠道的背景下，环境关心的表达方式可以利用"互联网搜索行为"来体现。根据搜索量数据编制获得的公众环境关心指数，2011～2016 年全国公众环境关心度呈现一定程度的下降，但下降趋势在 2016 年有所改善；北京市公众环境关心度相较于全国来说处于较高水平，公众环境关心程度与环境污染密切相关，公众环境参与的动力主要来自污染驱动，进一步提升公众环境参与质量仍然面临挑战。

　　第三，随着时代进步和技术发展，网络问政平台已经成为公众表达诉求的主要载体。以北京市为例，"人民网地方领导留言板""环境污染投诉网""北京市 12369 环保投诉举报咨询中心""北京 12345 社情民意""北京市政风行风热线"5 个网络问政平台上的环境投诉举报信息，基本可以完整地反映网络问政平台上北京市公众的环境诉求程度。在机器学习辅助下，利用大数据文本分析方法，发现在 2010～2017 年的研究期间，北京市网络问政平台上的公众环境诉求整体呈现上升态势，公众环境诉求显示了不同的议题特征和空间分布，并且人口数量、经济发展水平以及环境污染程度都是影响公众环境诉求的主要因素。

　　第四，随着网络社交媒体平台的兴起，公众环境参与又有了新的方式和渠道。以微博为例，公众可以在微博上关注环境治理的相关话题，并通过对推文的转发、点赞和评论参与互动。因而，微博平台上环境治理的相关推文及其转赞评数量能够反映公众对环境问题的关注程度。本书利用

Python 数据挖掘技术，获得了 2012～2019 年所有有关"环境治理"词条的有效微博的文本内容、转赞评数量等指标，构建了微博公众环境关注指数，发现该指数具有较为明显的地域差异：沿海地区微博关注指数最高；全国指数虽然在研究期间内整体上升，但呈现"M"型的变化趋势。

第五，利用熵值法将公众环境参与程度的传统指标和创新指标进行融合后，发现在 2013～2015 年，全国公众环境参与程度有所上升，但在全国分布并不均匀，表现为人均收入水平较高和经济总量较大的发达地区公众环境参与程度要远高于经济发展相对落后、经济总量相对较小的地区。分区域来看，东部地区整体上公众环境参与程度最高，但上升幅度有限；中部地区公众参与程度次之，但是上升幅度较大；西部地区指数得分最低，并且变化幅度较小。

第六，实证研究发现，我国地方环境法规的实施效果虽然在整体上不甚理想，但是公众诉求对地方环境法规的有效性有显著影响。公众环境诉求能够降低污染物排放量，并且这种影响通过直接作用和间接作用而产生。公众环境关心会影响公众绿色出行的环境行为，但并未成为公众选择绿色出行的主要决定因素。公众环境关心具有显著的空间正相关效应，能够对地方政府的环保财政支出行为产生积极影响，并且具有正向的空间溢出效应。与此同时，来自中央环保督察的政治压力也对地方政府的环境行为产生积极影响。公众环境关心水平的上升能够显著提升社会责任投资的规模和活跃程度，而公众环境关心的低迷有很大可能会带来社会责任投资的萎缩不振，因而公众环境参与对我国绿色金融的发展具有积极意义。

综上所述，本书将大数据技术应用到社会调查和统计分析之中，提出了对公众环境参与程度评估的创新性方法，补充和替代了传统公众环境参与方法和指标，丰富了相关理论方法和工具。除此之外，本书较全面地实证检验了公众环境参与的作用机制，为以公众参与为突破口探索更适合发展中国家的环境治理模式提供了理论支撑。

当然，也必须指出的是，在研究开展过程中，受制于时间、技术和研究能力等各方面条件的限制，本书成果依然存在一些不足和缺憾。例如，在利用人民网地方政府留言板等网络问政平台上的文本数据编制公众环境诉求指标时，由于阶段性研究成果成文较早，留取了北京市较早时期数据，所以指数编制只针对了北京市情形，在后期研究中发现，由于技术限制已经无法获取 2019 年之前的全国数据，因而本书缺少利用文本分析方法获取较长时间趋势的全国公众环境诉求数据，这成为本书的一大不足。另外，在利用熵值法编制公众环境参与程度的综合评价指标时，由于不同指标可获得的重合年份数据有限，编制的指数只覆盖了三年的研究期间，因而对于全国公众环境参与程度的综合分析缺少长期的时间趋势观察，这限制了综合指标的进一步应用，也使得对于后续公众环境参与作用机制的实证研究只能采取各个分散化指标。如何克服上述不足，也成为今后笔者在该领域重要的研究课题。需要说明的是，本书在利用大数据技术编制反映公众参与环境治理的程度指标时，使用了合法的爬虫技术。研究中所爬取的数据不涉及个人隐私，爬取行为遵守网站协议和知识产权保护，爬取数据用途仅限于学术研究，未侵犯他人权益和公共利益。

本书作为国家社会科学基金青年项目（项目编号：17CSH016）的结项成果，凝结了项目团队的集体智慧。特别需要指出的是，笔者所指导的国际关系学院的青年学生也对项目作出了实质性的支持和贡献。他们不仅在笔者所教授的人口、资源与环境经济学和博弈论与经济分析等课程上，围绕项目主题展开广泛讨论，而且还参与了部分主题的研究和写作。具体来说：尹路仁、黄晗宁、冯俞璇、顾世荣和包何睿世同学参与了本书第一章部分内容的资料收集和写作工作；石慧敏同学参与了第二章部分内容的数据整理和写作工作；刁孟瑜、史帅威、贺研和赵胤婷同学参与了第三章部分内容的理论模型构建和写作工作。此外，项目从申请、结项到最终成果的出版，还离不开众多同仁、专家的帮助。特别要感谢的是国家社会科学基金项目的立项和结项的评审专家们，虽然无从知晓他们的姓名，但毫无疑问，本书的最终呈现离不开他们的专业精神和高度的责任心。最后，衷心感谢经济科学出版社杨梅老师为本书出版所做出的辛勤工作。

史亚东

2023 年 6 月于坡上村

第一章

我国公众参与环境治理程度的一般评估

本章利用现有社会学和经济学的传统方法，结合定量和定性手段，对我国公众参与环境治理的程度进行了评估。在定量评价方面，主要利用社会学问卷调查方法介绍了现有对公众环境意识、环境行为、环境参与的自我评价等评估结果，同时利用经济学文献常用统计指标进行了时空分析；在定性评价方面，主要分析总结了我国公众参与环境治理的制度建设情况、环境信息传播情况、社会组织发展情况，以及环境教育现状等。最后，利用问卷调查方法对固定群体和区域进行了案例分析，并对我国代表性公众参与环境治理的实践案例进行了分析。

第一节 公众参与环境治理程度的定量评价

一、公众环境意识的调查评估

（一）环境意识的界定

环境意识的概念和理论最早起源于 20 世纪 60 年代的西方社会。1968 年，美国学者罗斯（Roth）最早提出了环境素养（environmental literacy）的概念，认为所谓环境素养，就是个人有意愿和能力作出对环境负责的决定，并实施平衡生活质量和环境质量的行为，包括对自然环境和人为环境的知觉和欣赏，具备对自然系统和生态观念的知识、了解目前环境议题的范围，甚至运用调查、批判性思考、撰写和沟通能力去解决环境问题（王辉，1997）。此后，美国学者邓拉普和利尔（Dunlap and Liere）提出了"新环境典范"的概念，认为人是整个生态系统的一部分，相信各种极限的存在，认为地球的承载力不是无限的（王民，2000），此概念由于是相对于以人类为中心的主流价值观而提出的，因而已经更加偏重意识形态领域。我国环境意识最早是在1983年的第二次全国环境保护大会中正式提出的，但是国内学者对于环境意识的定义并没有统一认识。这主要源于环境意识本身涉及维度较广，其可以从哲学、心理学、社会学、法学等多元角度进行不同的解析。

（二）早期调查结果

对我国公众环境意识的调查研究最早可以追溯到1988年初到1989年5月，由联合国环境规划署开展的对包括中国、印度、日本、联邦德国等15个国家的环境意识民意测验。该调查主要针对了我国北京、上海和广州等大城市，被调查对象包括509位政府领导人、高级文职人员、新闻机构负责人，以及商业、工业部门负责人等，调查结果表明，被调查人对中国的环境状况评价较低；但对于50年后世界环境状况的变化，中国受访者相对其他国家更为乐观。另外，与其他国家相比，中国人对因污染引起的气候变化问题不是很关心；中国人不太希望由全社会来承担环境保护的责任，而是认为这主要是政府的责任（李松，1989）。由此可见，在20世纪80年代末，我国公众的环境意识还相对比较薄弱，即便是这次受访人群有相对较高的社会地位，但对于保护环境的认知也只停留在对国内环境污染的感知水平上。

中国科学计算促进发展研究中心生活质量课题组较早地对公众环境意识开展了调查研究，其1991年发布的针对中国城市居民的研究从两类指标对环境意识进行了刻画，一是对居民环境现状的评价和预期；二是居民对环境问题在生活各个方面的重要性程度的评价。调查结果发现，城市居民的环境意识大多停留在较表面的层次上，未超越自身生活服务；

环境意识与文化素质紧密相连；总体来看，居民并未意识到环境问题的重要性。

1998年7~10月，国家环保总局和教育部发起，对全国31个省、自治区及直辖市（不包括香港、澳门和台湾地区）中的139个县级行政区开展了10495个样本户的"全国公众环境意识调查"。调查结果发现，虽然公众对环境改善的前景持乐观态度，但是公众对环境问题的相对重视程度较低；环保知识水平处于较低层次，环境道德意识薄弱，公众参与环保活动不积极。

（三）近期研究

1. 公众环境关心的系列评估

2003年，由中国人民大学中国调查与数据中心开展的中国综合社会调查（CGSS）是我国最早的全国性、综合性、连续性的学术调查项目，项目分2003~2008年和2010~2019年的两期开展，最新的可获得数据截至2017年。利用该综合调查，国内以洪大用为代表的许多学者在邓拉普（Dunlap）等学者的新环境关心量表（以下简称NEP量表）之上，开展了针对我国公众环境意识、环境关心和环境知识的测量。如前所述，20世纪70年代开始，有关公众环境意识的定量研究就已经在欧美社会涌现出来。其中以马洛尼等（Maloney et al.，1975）提出的"生态态度和知识量表"、威格尔等（Weigel et al.，1978）提出的"环境关心量表"，以及邓拉普等（2000）提出的"新环境范式量表"为代表。特别是邓拉普等学者的"新环境范式量表"，得到了包括我国在内的多国学者的认同。

洪大用（2006）基于2003年中国综合社会调查的数据资料，对NEP量表在中国的应用效果进行了分析，发现该量表在中国的应用虽然取得了可以接受的效度和信度，但仍存在一些突出的问题，如项目的分辨力系数较低、量表内部一致性存在缺陷等，因而其提出了改造该量表的具体方向。借助于改造后的NEP量表，洪大用等（2005，2011，2015）又利用中国CGSS 2003的数据，对城市居民的环境意识、公众环境关心的个人层次、城市层次以及年龄差异进行了详细分析。其中，有关城市居民环境意识的研究发现，整体上被访者偏向于人类中心倾向，被访者主要关心身边的环境问题，并且对于环境信息主动了解程度、环境法规的了解程度，以及实际采取的环境行为等都不高，显示了公众环境意识停留在浅层层面。受制于当时的人力物力限制，CGSS 2003 的调查对象只涵盖了城镇地区，并且缺失了部分样本城市；之后 CGSS 2010 实现城乡地区全覆盖，在此次调查中。洪大用等（2014）推出了 NEP 量表的中国版的环境关心量表（CNEP 量表），并证实其具有良好的信度和效度，利用该量表，洪大用等（2015）发现年龄与公众环境关心呈现显著的负相关，20 岁以下的青年人环境关心水平最高，得分最低的是 70 岁以上老年人。与此同时，洪大用等（2016）还利用 CGSS 2003 和 CGSS 2010 两个年度的调查数据，推出了中国版环境知识量表，发现从整体上看城镇受访者的环境知识水平有显著增长，并且城镇居民的环境知识水平整体上高于乡村居民。虽然 CGSS 可获得数据已经更新至 2017 年，但由于 2013 年之后没有包含公众环境问题的数据，因而利用调查数据对于公众环境关心和环境意识的研究最新可以追溯到 2013 年。例如，李艳春（2019）利用 CGSS 2013 的数据发现公众环境意识存在区域差异，在生活环境意识方面，东部居民得分最高，其次是中部，最后是西部；而在自然环境意识方面，西部居民得分最高，东部居民其次，中部最低。

2. 中国公众环保民生指数

由国家环保总局指导，中国环境文化促进会组织编制的国内首个环保指数——中国公众环保民生指数（以下简称"民生指数"）也被称为公众环保意识与行为的"晴雨表"。2006 年正式发布《中国公众环保民生指数绿皮书（2005）》，从我国公众对环保的认知程度、参与能力、评价能力三个层面进行量化评析，得出民生指数 2005 指标得分 68.05 分，其中认知程度 62.5 分、参与能力 71.2 分、评价能力 68.1 分，反映了当时公众对环保认知不足，参与性不强（中国环境文化促进会，2005）。

作为首个反映公众环境意识的指数——民生指数 2005 的编制难免有不足之处。经过不断的论证与调整，民生指数得到完善，一级指标更改为环保意识、环保行为、环保满意度，并且采用多阶段随机抽样的方式，通过实地调查和电话调查两种访问方式在全国范围内调查公众对十四类环境污染问题①的感受。民生指数 2006、民生指数 2007、民生指数 2008 随之发布，借助于这一连续报告，我们得以窥见民生指数的时间变化趋势。总的来看，相关报告表明近年来公众的环保意识和知识水平得到了一定程度的提高，但仍然存在参与程度低和行为跟进度有限等问题。相关指标如表 1 - 1 所示。

表 1 - 1　　　　　　　中国公众环保指数一级指标得分

指标名称	指标得分		
	2006 年	2007 年	2008 年
环保意识	57.05	42.1	44.5
环保行为	55.17	36.6	37.0
环保满意度	60.20	44.7	45.1

资料来源：中国文化促进会，http://www.tt65.net/hdzt/zggzhbzs/。

由表 1 - 1 可以发现，2006 ~ 2008 年公众参与环境治理的三项指标基本上均为"不及格"。在三项指标中，环保意识会在很大程度上影响到公众环保行为，环保意识越高的公众，认知度广，环保行为的参与度更高，主动性越强。参考民生指数 2005 ~ 2008 的相关指标与数据，一定程度上可以向我们反映此阶段公众参与的一些问题。

近年来，公众对环境污染的关注度逐渐提高，环境问题成为公众关注并热议的话题之一。据《中国公众环保民生指数（2008）》报告显示，认为我国当前环境问题"非常严重"和"比较严重"的公众比例达到了 76.4%，说明公众对环保形势抱以较为悲观的态度，存在一定危机感。但公众环保素质仍处于较低水平，这一定程度上制约了我国公众参与环境治理的发展。

由图 1 - 1 可见，公众对"环保"一词的认知还较为模糊。虽然公众关注的环境问题层面较广，但关注度还是集中在环境污染、垃圾处理、污水处理这些污染问题，认知程度均达到了 80%；但对可持续发展、建立自然保护区、不可再生资源的关注度还不足 1%，认知程度也未达到平均水平。较多的公众将环境问题简单地等同于环境污染，认为环境保护工作就

---

① "民生指数 2006"访问的十四类问题：食品安全、饮用水污染、空气污染、垃圾处理、绿化、噪声污染、江河湖泊污染、可持续发展、土地污染、地球温室效应、土地沙漠化、臭氧层变薄、房屋装修污染和生物物种减少问题。

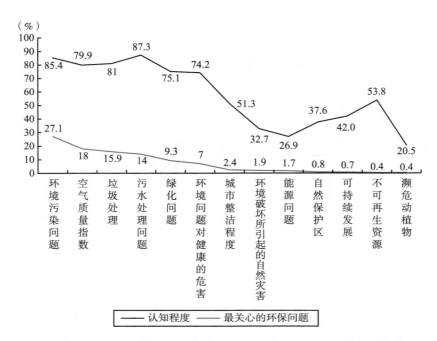

图 1 - 1   2005 年公众对环保认知程度和最关心程度调查

是治理环境污染。但事实上治理环境污染仅是其中的一环，事后的末端治理固然重要，但是由于诸多环境危害的不可逆性与严重性，我们还应该有意识地对环境与自然资源进行保护并加以合理利用，排除潜在问题，并尽可能避免有可能会造成的环境损害和污染的生产与行为。这决定了公众能否完成从被动的末端参与发展到主动的预案参与、过程参与和行为参与的转变，充分发挥公众参与的中坚作用（吕忠梅，2000）。

　　显然，公众对现实已经发生的负面环境问题的敏感度和关注度要更高。一方面，环境污染往往会损害到社会公民的利益，影响其正常生活，引发公众不满与反对；另一方面，部分媒体对负面新闻的夸大其词容易给公众造成误导，不良报道更是对公众行为造成干扰，甚至会造成社会性恐慌。在应对危机时，相关部门往往会出现"事前疏于监管，事后疏于引导"的情况，被公众质疑其办事效率与解决问题的决心，这对于环保工作是不利的。相比较建立自然保护区、植树治沙等正面的环保新闻，负面新闻的尖锐性往往会吸引更多的公众目光。

除此之外，公众环保意识还体现在对环保权益及相关环保信息的认知上。目前公众主要享有以下四类环境权：一是环境参与权，即公民参与公共环境管理的权利；二是环境享有权，即公民拥有在良好、适宜并健康的环境中生活的权利，如宁静权、通风权、清洁水权、清洁空气权、眺望权、采光权等；三是环境监督权，即公众对污染破坏环境行为进行监督、检举和控告的权利；四为环境知情权，即公众依法享有获取、知悉相关环境信息的权利（徐梓淇，2014）。但是在民生指数 2005 的调查中，23.4% 的人对自己所享受的权利一无所知。目前公众更关注公共空间下的环境问题，如雾霾、饮用水水质、工厂噪声等，认为自己的权利就是拥有一个安静清洁的公共环境。2007 年的调查结果显示，有 49.7% 的公众认为自己在环保过程中"不太重要"和"不重要"，对自己在环保工作中所占据的地位没有准确的概念，认为环保工作的主要责任人是政府和企业，往往忽视了公众集体发挥的重要作用。

另外，在 2008 年民生指数公布的报告中，仍有 72.2% 的公众不知道 6 月 5 日是"世界环境日"，多数人知晓"环境日"的存在，但不明确具体日期；虽然这一比例较 2005 年的 90.2% 下降了近 20 个百分点，但对环境日的宣传仍需加大力度；另有 58.0% 的公众不知道"12369"这一全国统一的环境热线电话；仅有 11.2% 的群众能准确回答"对本辖区环境质量负责"的机构是地方人民政府……以上种种数据表明虽然情况存在好转，但公众环保意识仍存在较大提升空间。

根据上述调研报告，在环保行为方面，公众参与大多浮于表面，并停留在对个人空间而非公共环境的保护上，多数的环保行为集中在节水节电、节煤节气等日常活动中。并且少有公众会主动学习环保相关知识，或主动参加公益环保活动等较高层次的环保工作，也很难将所知晓的有限的环保知识与生活实践联系起来。而面对环保产品，有 78.8% 的公众表示愿意花钱购买价格适宜的产品，对于价格偏高的产品则少人问津。公众参与环境保护的形式也更多是被迫参与环保相关宣传与培训，如"3.12 植树节""4.22 地球日"等相关节日当天参加宣传教育讲座。

在环境问题上，事后的环境维权也是薄弱的一环。"12369"作为公众反馈环保问题最直接、便捷的方式，知道该热线并使用向有关部门进行反馈的公众寥寥无几。并且调查表示"说了也没用"，一般不会反映自己环保意见的达 11.％，面对破坏环境的行为，表示经常向有关部门投诉或举报的仅有 6％，近乎一半的公众表示从来不会向有关部门举报环保违法行为。只有当公众开始有意识主动保护自己的合法权益，广泛参与到环境维权行为中，环保才能落到实处。

3. 其他调查

2014 年，国家环境保护部和中国环境文化促进会联合腾讯公益，在线下和线上对我国公众的生态文明意识水平进行了抽样问卷调查。调查覆盖了全国除香港、澳门、台湾和西藏之外的全部省级行政区，包括了城市和农村地区，建立了较为规范和统一的指标体系。该调查研究显示，我国公众生态文明呈现"认同度高、知晓度低、践行度不够"的状态，公众生态文明意识具有较强的政府依赖特征；公众普遍对生态环境状况高度担忧，并且经济与文化水平对生态文明意识的影响较大。

从 2019 年起，生态环境部环境与经济政策研究中心通过门户网站开展网络问卷调查，跟踪评估公民生态环境行为状况。其 2019 年的调查报告发现，高学历人群、城镇居民和从事环保相关工作群体对生态环境信息更为关注；东北地区对生态环境信息的关注相对最低；受访者生态环境知识掌握程度良好，但对政府工作的具体信息了解还有待加强；在环境行为方面，东部地区和高学历人群环保践行度更高，在参与监督举报方面，公众表现出一定的参与度，但仍有提升空间。2020 年的调查报告发现：与 2019 年相比，公众生态环境行为有了总体提升；公众高度认可污染防治攻坚战取得的成效，并愿意承担一定责任；公众认为关注环境信息重要，但只有不到一半的受访者经常关注，公众对不同类型环境知识的掌握存在差异；超九成公众认可绿色消费的重要性，但各类绿色消费行为践行都不太理想；公众参与垃圾分类、环保志愿活动以及参与监督举报的积极性都较高。2021 年 12 月公布的《公民生态环境行为调查报告（2021）》显示：多数公众认为其所在城市的生态环境问题总体不严重；公众对政府生态环保工作高度认可；在环境行为方面，半数以上的受访者认为自己具备践行环境行为的基本能力，但是对如何采取环境行为缺乏了解，公众能够做到"知行合一"的领域是"呵护自然生态""减少污染产生""节约资源能源""选择低碳出行""关注生态环境",但在"践行绿色消费""分类投放垃圾""参加环保实践""参与监督举报"方面行为表现一般,与往年调查结果相比,公众在处置闲置物品、购买绿色食品和减少露天焚烧方面的行为有所提升。通过这些研究报告的数据对比可以发现,公众参与总体上呈积极态势,但是公众在部分环保领域存在"知行不一"的情况,特别是在环境信息关注上虽然有所改善,但仍有提升空间。

二、其他指标数据的定量评估

如前所述,环境社会学广泛运用问卷调查的形式评估和分析公众环境意识、环境行为以及环境参与程度。然而,众所周知,问卷调查有其一定的固有缺陷,而且往往受制于人力和物力,难以对固定人群持续大范围地追踪,因而利用问卷调查的方式难以反映公众参与程度在时间、空间乃至内容上的变化趋势。在经济学领域,公众参与也是环境经济学家关心的热点问题,为了在实证研究中便于检验相关理论假设,经济学家从公众参与的内涵出发,寻找到一系列替代指标,这些指标具有良好的结构化和规则化等特征,已经成为经济学领域常常用来反映公众参与环境治理程度的传统指标数据。

根据我国环境法律相关规定,公众参与环境立法、环境行政决策以及环境社会监督能够采取的形式,包括听证会、座谈会、专题研讨与论证会、电话、信函以及网络等渠道的问卷调查、检举、举报和信访等。由此可见,公众环境信访量,以及环境电话投诉这些公开易于获得的指标成为反映公众参与程度的常见指标之一。截至 2022 年 7 月,笔者以全文中出现"环境信访""公众""实证""来信总数"作为关键词在知网核心及 CSSCI 期刊中进行搜索,发现有 90 篇以上的文献使用了"环境信访来信总数"这一指标作为公众参与或是来自公众的非正式环境规制的反映。除此之外,一些文献也使用了"12369"环保举报案件和投诉内容作为反映公众参与的指标(李兵华等,2020;夏瑛等,2021)。另外,如前文所述,公众可以分为人大代表、专家、媒体、普通公众等。其中,人大代表吸纳人民的建议,收集和整理相关资料和数据,反映人民的诉求;媒体可以发挥发现问题、监督等作用。因而，国内外不少文献使用环境领域的人大建议、政协提案以及环境新闻报道量来反映公众参与。鉴于公众参与指标的多重性，目前也有很多文献利用主成分分析法或熵值法将多个指标融合成一个指数来综合反映公众参与（于文超等，2014；曾婧婧等，2015；沈钊等，2022）。

本部分将对上述提出的公众参与指标进行单独分析，由于可获得数据的年份不一，这些单独指标的起止年份并不一致。具体来说，这些指标为中国 30 个省级行政单位（不包括港澳台、西藏）的 1993～2015 年环境信访中的来信总数（件）、来访人次，上述地区 2011～2017 年生态环境领域的人大建议和政协提案数量，以及上述地区 2011～2015 年"12369"环保举报案件数。上述数据除了环保举报案件数来自生态环境部公布的各年份的《全国"12369"环保举报工作情况的通报》之外，其余数据均来自各年份的《中国环境年鉴》。

由图 1-2 可知，在研究期间内公众环境来访人数保持相对较为平缓态势，各年份波动幅度不大。而公众环境信访来信量则在研究期间内呈现较大幅度波动，表现为：首先在 1993～2003 年环境信访来信量经历了 10 年左右的稳定增长，并于 2005 年突破 60 万件大关，然后经历了两年较为平稳的波动后于 2007 年陡降至 12 万件水平。2007 年数据的整体下降通常被认为是异常值，这有可能是统计性问题，也有可能是信访渠道的减少，亦有可能与 2008 年北京奥运会的召开有关。2008 年之后到 2010 年，环境信访量又恢复增长，三年平均超 65 万件的来信量。但是 2011 年之后数据出现大幅下降，这主要源于 2011 年"12369"环保举报热线正式开通，公众增加了更为便捷的投诉渠道，因而信访渠道的案件数大幅下降，这也意味着 2011 年之后分析公众的环境参与应该综合考虑信访量和电话或网络的投诉量。总结环境信访量在 2011 年之前的发展变化可以发现，公众参与最初主要由环境信访的来信来访两种途径实现，并且在 1993～1997 年差异不大。从 1998 年起，公众来信的数量呈逐年增加态势，这意味着 1998 年后公众对环境问题愈发重视，而 1998 年我国环保主管机构也迎来一次重要变革——国家环境保护局更名为国家环境保护总局，表明环境保护工作日益引起决策者的重视，环境保护日益成为国家政治经济生活中的大事和要事。

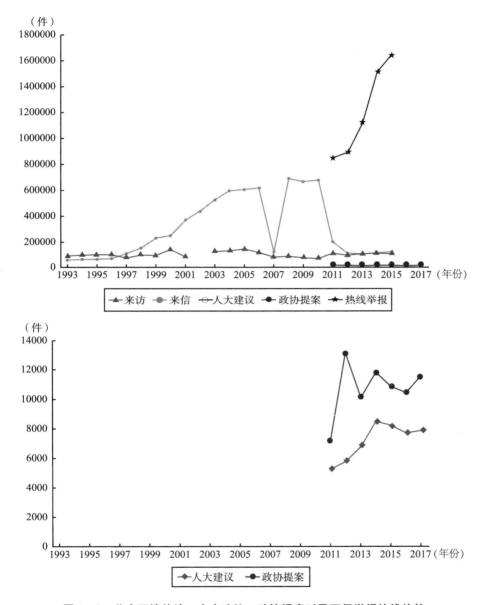

图 1-2 公众环境信访、人大建议、政协提案以及环保举报热线趋势

自 2011 年后，环保领域的人大建议和政协提案的变化趋势可以看出，两者整体上呈波动式增长态势，总体增幅达 50% 以上，表明虽然每年由代表所反映的公众环境诉求强度不一，但整体上也呈上升态势。与信访量和

代表建议相比，2011 年之后公众通过"12369"进行的环保举报呈现爆发式增长态势，特别是在 2013～2014 年上升幅度巨大，这一方面表明公众环境诉求持续增加，另一方面也提示在此期间可能公众面临了较为严峻的环境恶化状况。

另外，本研究也对上述指标的空间分布进行了分析，按照研究期间全国不同地区的信访量和举报量从高到低的顺序，得到图 1－3，从中不难发现，通过"12369"举报投诉量大的地区主要集中在我国东南沿海地区，这一方面可能与这些地区经济发展水平、公众平均教育水平和公众环境意识较高相关（这与前述有关公众环境意识调查的研究相吻合）；另一方面也可能是由于这些地区环境状况恶化的关系。进一步观察公众环境信访的来访和来信的省份分布，可以看到信访来信与"12369"举报呈现高度相关联系，呈现相似的走势。但在来访方面，我国不同省份呈现不规则波

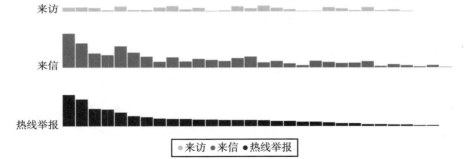

注：省份排序：广东、江苏、山东、重庆、浙江、上海、福建、河南、辽宁、安徽、湖北、北京、陕西、四川、广西、湖南、河北、云南、甘肃、天津、黑龙江、吉林、山西、江西、贵州、内蒙古、新疆、海南、宁夏、青海。

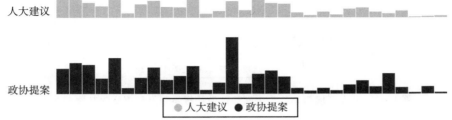

注：数据来源省份包括广东、江苏、山东、重庆、浙江、上海、福建、河南、辽宁、安徽、湖北、北京、陕西、四川、广西、湖南、河北、云南、甘肃、天津、黑龙江、吉林、山西、江西、贵州、内蒙古、新疆、海南、宁夏、青海。

图 1－3　环境信访、人大建议、政协提案与环保举报热线的空间分布

动，我们考虑是由于来访在近 20 年的公众参与中并非主流的参与渠道，无法代表大多数民众的参与程度与变化，因此和热线举报的趋势并不一致。

而人大建议与政协提案两者虽然与热线举报的趋势也不相一致，但就这两者而言，它们表现出相同的走势。一般而言，热线举报代表的是公众对目前当地环保存在问题的不满亟待解决的诉求，而代表建议提案代表的是公众对于当地未来环境发展的展望、愿景和诉求，二者关注的侧重点不同，也导致了曲线结果的不一致。

由图 1-3 可知，在代表的建议提案量排前十名的省份中，仅有一半位于热线举报投诉量的前十名，另外五省（四川、湖北、河北、内蒙古、湖南）的热线举报量并不突出，这说明部分地区的民众对于环境的关注更侧重于未来政策的发展，而非现有问题的矫正。

第二节　我国公众参与环境治理的定性评价

公众参与是一个多维度的复杂过程，很难简单概括。第一节已经用指标描述了以信访、投诉为代表的公众环境抗议行为，以人大和政协提案为代表的公众环境建议行为，以及利用社会调查方法反映的公众环境关心等意识形态表现等，下面我们将切换角度，从我国公众参与的制度建设、环境信息传播程度、社会组织发展程度、环境教育程度等方面定性分析我国公众参与环境治理的整体情况。

一、我国公众参与环境治理的制度建设梳理

（一）公众参与的相关法律法规

在环境领域，我国公众参与制度建设的发展经历了三个主要的阶段。

1. 第一阶段：1972 ~ 2002 年

1973 年，在我国召开的第一次全国环境保护会议上，通过了当时第一部关于环境保护的法规性文件——《关于保护和改善环境的若干规定》。

该规定在篇首提出了保护环境的"32 字"总体方针，其中提到要"依靠群众，大家动手，保护环境，造福人民"。在该规定的第九部分"大力开展环境保护的科学研究工作、做好宣传教育"时提到，"广泛开展干部、群众、科技人员三结合的科研活动""有关大专院校要设置环境保护的专业和课程，培养技术人才""要采取各种形式，通过电影、电视、广播、书刊、宣传环境保护的重要意义，普及科学知识，推动环境保护工作的开展"。1979 年，我国颁布了新中国成立以来第一部综合性环境保护基本法——《中华人民共和国环境保护法（试行）》。该法案第一章第八条专门指出，"公民对污染和破坏环境的单位和个人，有权监督、检举和控告。被检举、控告的单位和个人不得打击报复"，这也是我国第一次对公众参与的明确规定（竺效，2011）。经过 10 年试行和实践，1989 年我国第七届人民代表大会常务委员会第十一次会议审议通过了《中华人民共和国环境保护法》，该法案保留了 1979 年试行法案有关公众参与的原则，表述为"一切单位和个人都有保护环境的义务，并有权对污染和破坏环境的单位和个人进行检举和控告"。这部法律为此后环境治理相关法律和实践提供了原则参考与指导。例如，1984 年颁布了《水污染防治法》，在更具体的领域提出了更详细、更有针对性和专业性的制度要求。在 1996 年修改的《水污染防治法》中，增加了"在环境影响报告书中应当有建设项目所在地单位和居民的意见"的条例，落实了公众参与的实践。在之后的几年中，陆续颁布了多部法律保障公众参与的实施，包括 2001 年的《行政法规制定程序条例》《中华人民共和国行政许可法》（以下简称《行政许可法》）《环境保护法规制定程序办法》等。2002 年颁布了《中华人民共和国环境影响评价法》（以下简称《环境影响评价法》），规定了环境影响评价的办法。

在这一阶段，我国在公众参与环境治理的制度建设方面提出了纵览大局的一些政策和原则，认识到了公众参与在环境保护过程中的作用。这些法律的制定也一定程度上鼓励了公众对社会治理尤其是环境保护的行为。这些基本的制度建设为之后我国进一步完善和健全环境保护领域的公众参与制度提供了依据和基础。但由于处于刚刚起步的阶段，制度发展不够完善和成熟，不够具体明确，没有提供具体供公众参与的渠道，在实际操作过程中不方便执行，还需进一步完善。

2. 第二阶段：2002～2014 年

随着环境治理问题日益重要和公众参与环境治理实践的发展，公众参与环境治理的制度建设进入了探索发展阶段，表现为公众参与环境治理的具体途径和内容的规定更加清晰。2002 年颁布的《环境影响评价法》，在总则中规定"国家鼓励有关单位、专家和公众以适当方式参与环境影响评价"，这被认为是走出了我国环境保护公众参与的第一步（朱芒，2019）。此后，2004 年颁布的《环境保护行政许可听证暂行办法》以及 2006 年的《环境影响评价公众参与暂行办法》对《环境影响评价》有关公众参与的细节进行了进一步的明确和补充。2005 年在《国务院关于落实科学发展观加强环境保护的决定》的文件内容中，也明确指出要健全社会监督机制，为公众参与创造条件；同时指出了信息公开、推动环境公益诉讼、举行听证会等公众参与内容。

总之，这一时期的法律实现了公众参与从理论到现实的转变。这使公众参与从获取信息到参与治理，在具体操作应用上有法可依，有据可循。

3. 第三阶段：2014 年至今

2014 年，第十二届全国人民代表大会常务委员会第八次会议对《中华人民共和国环境保护法》（以下简称《环保法》）进行了修订，突出特征之一就是对公众参与的重视，无论是在对公众参与的内涵阐释，还是在具体参与方法等方面，都有了新的规定和重大改进。①《环保法》强调并细化了环境信息披露制度，将 1989 年《环保法》所规定的公众参与环境治理的方式，由单一的"检举控告"，转变为强调"获取环境信息、参与和监

---

① 《环保法》"第一章　总则"第五条规定，"环境保护坚持保护优先、预防为主、综合治理、公众参与、损害担责的原则"。第六条规定，"一切单位和个人都有保护环境的义务。地方各级人民政府应当对本行政区域的环境质量负责。企业事业单位和其他生产经营者应当防止、减少环境污染和生态破坏，对所造成的损害依法承担责任。公民应当增强环境保护意识，采取低碳、节俭的生活方式，自觉履行环境保护义务"。第九条规定，"各级人民政府应当加强环境保护宣传和普及工作，鼓励基层群众性自治组织、社会组织、环境保护志愿者开展环境保护法律法规和环境保护知识的宣传，营造保护环境的良好风气。教育行政部门、学校应当将环境保护知识纳入学校教育内容，培养学生的环境保护意识。新闻媒体应当开展环境保护法律法规和环境保护知识的宣传，对环境违法行为进行舆论监督"。

督环境保护的权利"。① 《环保法》还专门增设了"第五章 信息公开和公众参与"。② 另外，在"第六章法律责任"第六十八条规定中，首次对地方各级人民政府、县级以上人民政府环境保护主管部门和其他负有环境保护监督管理职责的部门，"应当依法公开环境信息而未公开的"行为，对直接负责的主管人员和其他直接责任人员给予记过、记大过或者降级处分，从惩罚措施上保障了环境信息公开制度的落实。

在《环保法》对公众参与大力重视的背景下，我国陆续修订出台的环境保护单行法规也进一步细化了公众参与的具体内涵。例如，在决策制定方面，2015 年第十二届全国人大常委会第十六次会议修订通过的《中华人民共和国大气污染防治法》（以下简称《大气污染防治法》）第二章第十条规定，"制定大气环境质量标准、大气污染物排放标准，应当组织专家进行审查和论证，并征求有关部门、行业协会、企业事业单位和公众等方面的意见"。第十四条规定，"编制城市大气环境质量限期达标规划，应当征求有关行业协会、企业事业单位、专家和公众等方面的意见"。

在检举和控告方面，《大气污染防治法》第三章第三十一条规定，"生态环境主管部门和其他负有大气环境保护监督管理职责的部门应当公布举报电话、电子邮箱等，方便公众举报"。2017 年第二次修正的《中华人民共和国水污染防治法》（以下简称《水污染防治法》），第一章第十一条规定，"任何单位和个人都有义务保护水环境，并有权对污染损害水环境的

---

① 《环保法》"第四章 防治污染和其他公害"第四十七条规定，"县级以上人民政府应当建立环境污染公共检测预警机制，组织制定预警方案；环境受到污染，可能影响公众健康和环境安全时，依法及时公布预警信息，启动应急措施"。

② 《环保法》"第五章 信息公开和公众参与"第五十三条规定，公民、法人和其他组织依法享有获取环境信息、参与和监督环境保护的权利。各级人民政府环境保护主管部门和其他负有环境保护监督管理职责的部门，应当依法公开环境信息、完善公众参与程序，为公民、法人和其他组织参与和监督环境保护提供便利。第五十五条规定，"重点排污单位应当如实向社会公开其主要污染物的名称、排放方式、排放浓度和总量、超标排放情况，以及防止污染设施的建设和运行情况，接受社会监督"。第五十六条规定，"对依法应当编制环境影响报告书的建设项目，建设单位应当在编制时向可能受影响的公众说明情况，充分征求意见"。第五十七条规定，"公民、法人和其他组织发现任何单位和个人有污染环境和破坏生态行为的，有权向环境主管部门或者其他负有环境保护监督管理职责的部门举报"。第五十八条规定，"对污染环境、破坏生态，损害社会公共利益的行为，符合下列条件的社会组织可以向人民法院提起诉讼"。

行为进行检举"。

在获取环境信息方面,《大气污染防治法》第十一条规定,"省级以上人民政府环境保护主管部门应当在其网站上公布大气环境质量标准、大气污染物排放标准,供公众免费查阅、下载"。第七十八条规定,"国务院环境保护主管部门应当会同国务院卫生行政部门,根据大气污染物对公众健康和生态环境的危害和影响程度,公布有毒有害大气污染物名录,实行风险管理"。第九十五条规定,"预警信息发布后,人民政府及其有关部门应当通过电视、广播、网络、短信等途径告知公众采取健康防护措施,指导公众出行和调整其他相关社会活动"。第二次修正的《水污染防治法》规定,政府相关部门制定的水环境质量改善限期达标规划及其执行情况、水环境质量未达标地区主要负责人的约谈情况、污染源的有毒有害水污染物信息、饮用水安全状况信息,以及饮用水源发生的水污染事故等,都应该向社会和公众公开。

除了通过环保立法明确公众参与环境治理的内涵和方法外,我国相关部门还出台了一系列专门针对公众参与的部门规章。例如,2006 年国家环境保护总局印发了《环境影响评价公众参与暂行办法》,2018 年生态环境部审议通过了《环境影响评价公众参与办法》。修订后的环评公众参与办法共 34 条,与 2006 年发布的相比,"更加明确了建设单位的主体责任,规定由其对公众参与组织实施的真实性和结果负责;将听取意见的公众范围明确了公民、法人和其他组织,优先保障受影响公众参与的权利,并鼓励建设单位听取范围外公众的意见;将信息公开的方式细化为网络、报纸和张贴公告等方式,明确了公众意见的作用,优化了公众意见调查方式,建立健全了公众意见采纳或不采纳反馈方式,针对弄虚作假提出了惩戒措施,确保公众参与的有效性和真实性;全面优化了参与程序细节,实施分类公众参与,不断提高效率;对生态环境主管部门环评行政许可的公众参与进行了明确等"。[①]

2015 年,环境保护部审议通过了《环境保护公众参与办法》,从部门

---

① 见生态环境部环评司负责人就《环境影响评价公众参与办法》修订答记者问,https://www.gov.cn/zhengce/2018 - 08/04/content_5311766.htm。

规章的角度对公众参与环境治理的原则、方式、权利和义务等进行了总体规定。该办法较为简洁，全文共分20条。其中，第二条明确了公众参与环境治理的主体，即公民、法人和其他组织。第三条明确了公众参与的原则：即"依法、有序、自愿、便利"原则。第四条、第十条以及第十一条明确了公众参与的方式：规定"环境保护主管部门可以通过征求意见、问卷调查，组织召开座谈会、专家论证会、听证会等方式征求公民、法人和其他组织对环境保护相关事项或者活动的意见和建议"；指出"公民、法人和其他组织可以通过电话、信函、传真、网络等方式向环境保护主管部门提出意见和建议"；同时指出"环境保护主管部门支持和鼓励公民、法人和其他组织对环境保护公共事务进行舆论监督和社会监督"；以及"公民、法人和其他组织发现任何单位和个人有污染环境和破坏生态行为的，可以通过信函、传真、电子邮件、'12369'环保举报热线、政府网站等途径，向环境保护主管部门举报"等。

总之，这一阶段的制度建设越发完善和成熟，在应用方面结合中国具体案例不断完善，更能贴合中国国情现实。一方面，具体操作越来越细化，流程也越来越规范，越来越透明；另一方面，公众主体范围越来越广大，参与到环境治理的公众越来越多。但是，我国公众参与制度建设的历史较短，仍有许多问题存在：第一，公众参与的效果有待加强；第二，公众参与的范围不够广，涉及的领域有限；第三，社会重视程度仍有待加强；第四，公众参与主体专业化程度较低。在未来，我国的公众参与在这些方面仍需加强。

（二）公众参与的信息披露制度

公众参与的必要前提是信息的公开透明。若无良好的信息传播途径，公众参与的整个过程都处在黑箱之中，公众参与行为的有效性得不到保证。当前，随着相关法律法规的完善、"互联网＋"背景下大数据的运用等，我国在环境信息公开方面有了长足的进步和发展。"2008年颁布了《环境信息公开办法（试行）》，落实了信息公开的法律依据，推动了公众参与的发展。信息公开是公众对项目实施进行监督的依据，这部法律促进了信息公开度的提高，有助于企业和政府规范自身行为，也激励了公众参与的发展"（竺效，2011）。"同年，《政府信息公开条例》实施，国家环境信息公开制度建设不断取得新进展；2015 年起施行的新的《环境保护法》专门设立了'信息公开和公众参与'的章节，并大量出台大量文件；2018 年初发布的《排污许可管理办法》，'对持有排污许可证的企业及许可证核发环保部门都提出了明确的信息公开要求'，以上的一系列举措都促进了环境信息公开"（郭红燕，2018）。

当然，也应当看到，由于我国在环境信息公开方面起步较晚，和其他国家相比仍然处于初级阶段，因此也存在着一些问题。到目前为止，我国环境信息公开的有关要求还没有专门的法律法规，都是碎片化散落在各层级文件中，如《环境信息公开办法（试行）》《关于企业环境信息公开的公告》《环保法》等。除此之外，缺乏强制性、信息披露质量不理想、公开权利主体范围狭窄、公开范围单一等也不容忽视。

二、环境信息的传播程度分析

从公众参与环境治理的角度来说，信息的时效性和通畅的信息传播显得格外重要，政府也同样需要及时从群众中得到有关环境政策的反馈。因此，环境信息的传播途径是否透明和通畅，是公众参与程度如何的重要反映，而对环境信息传播程度的评价可以从"自上而下"和"自下而上"的传播两个角度出发。

（一）基于"自上而下"的信息传递

在我国环境治理过程中，不管如何强调公众在应对我国的生态环境问题上能够起到的作用，政府始终占据主导地位。由于其综合体的性质政府能够将各种收集或保存的资料信息统合起来，因此，生态环境上收集的第一手数据政府应尽可能及时公开。《环境信息公开办法（暂行）》规定，污染物排放超标企业要强制公布企业环境信息，其他企业则鼓励自愿公开。倘若这类自愿公开的企业选择不公开环境信息，公众也无法强制令其公开，这实际上导致公众获取环境信息的途径受到一定阻碍。另外，政府有关部门颁布的条款存在信息界定模糊的现象也加大了公众获取环境信息的难度。例如同样在《环境信息公开办法（暂行）》中规定属于"国家机密"和"商业机密"的环境信息不属于公开的范畴。而究竟哪种信息属于"国家机密"和"商业机密"，条例中没有明确说明。这使得一部分企业以此为由钻了空子，拒绝公开某些环境污染相关信息。因此，政府能否将其监测和调查数据及时向社会公布，并让公众广泛使用，以及完善相关法律法规，成为公众更好地参与环境治理的前提。

当然，应当看到政府在不断地探索、完善环境信息公开的路径。早在2007年2月8日，《环境信息公开办法（试行）》（以下简称《办法》）经国家环境保护总局通过，于2008年5月1日起施行。《办法》第一条明确规定，"为了推进和规范环境保护行政主管部门（以下简称环保部门）以及企业公开环境信息，维护公民、法人和其他组织获取环境信息的权益，推动公众参与环境保护，依据《中华人民共和国政府信息公开条例》《中华人民共和国清洁生产促进法》《国务院关于落实科学发展观加强环境保护的决定》以及其他有关规定，制定本办法"。同时，2019年7月11日生态环境部部务会议审议通过的《生态环境部关于废止、修改部分规章的决定》，对相关方面的规章进行了优化完善。在十余年的时间里，环境信息公开法由试行到正式实行，环保信息公开主体进行了一定的调整，从环保政务公开拓展延伸到对企业环境信息公开，环境信息公示的涉及范围从政府政务信息拓展到企业信息，有志于或者真正关心社会环保事业的人到如今能够充分利用他们的公众知情权，明确地能够在相应位置找到政府企业的环境行为措施，展开对政府、企业以及其他社会行为主体环境行为的参与以及监督。

不仅有着法律制度的完善，政府的环境信息公示同样在与互联网大潮的碰撞中与时俱进。2019年4月19日中华人民共和国生态环境部官方网站成立时，主页便设置了显眼且明确的链接来指向政府历年的生态环境状况公报以及环境年鉴。而早在中央官网成立之前，各地政府早已经纷纷建立起了地方环保部门网站或是环境信息中心网站，一方面方便各地群众查询引用环境信息，另一方面将综合起来的环境信息导入数据库中通过大数据分析计算辅助环境决策。例如，据浙江省生态环境厅政府网站工作2019年年度报表显示，仅2019年，浙江省生态环境厅门户网站发布1298条信息，其中政务动态信息更新量 127 条，概况类信息更新量 25 条，信息公开目录信息更新量 1194 条，网站总访问量达到 948610 次，回应公众关注热点或重大舆情 5 次，共有注册用户数 30594000 个，收到并办结留言 2277 次，平均办理时长 2.77 天。而 2020 年和 2021 年浙江省生态环境厅政府网站工作年度报告的数据更是有了逐年的提升。官方网站成了政府对公众环境信息公示的固定阵地，作为环境信息最官方正式的传播渠道逐渐发挥着自己的作用。

随着"互联网＋"应用的广为传播，政府的环境信息传播渠道更是有了新的阐述方式。环境信息公开本就是为了打破政府、企业、公众之间的信息壁垒，打断前两者对公众以及两者之间的数据垄断。而大数据技术以及新媒体技术的兴起，突破了环境信息传播中时空的限制。早在 2016 年环境保护部办公厅就通过了《生态环境大数据建设总体方案》，同年 11 月 23 日，环境保护部开通微博。2017 年环境保护部与腾讯达成战略合作，探索"互联网＋环保"的新模式。不同形式的"环保大数据"公众服务平台的搭建，微信、微博、QQ 等移动互联网平台互动功能的使用，让政府和环保部门对公众环境需求有了更直接的数据采集渠道和更精确的认知，在提供差异化、精细化、分层化的环境公共服务的同时，将政府提供环境生态服务与公众参与环境污染监管举报有效结合，从数据、技术、人力等方面积极运用社会群体智慧，来弥补政府决策资源不足（邬晓燕，2017）。

（二）基于"自下而上"的信息传递

解决我国的生态环境问题，不仅要政府全面调整现有的经济社会活动，公众同样能够起到重要作用。政府部门由于时间和人力、物力的限制，只能对某些重点区域的主要指标进行监测，或是被违规企业钻了空子一时无法发现问题，难免会在某些区域有所疏漏、未能涉及，这时公众"自下而上"的信息传递就能起到很好的查漏补缺作用。

一方面，公众的力量以公众披露污染企业信息、媒体报道环境信息的形式展现。各级政府通过开通"12369"环保投诉和举报热线让公众力量有力地介入环境监督中。网上举报制度也随着互联网的广泛应用不断推广。在陕西省,恒达新材料公司经举报违法生产、粉尘污染、噪声污染后,宝鸡市眉县环保局查实后责令该企业停产整改,立即办理环评手续并对堆料场进行覆盖,及时清理路面扬尘并安排洒水降尘。浙江省杭州市富阳区多家造纸企业经举报违规倾倒固体废物,查实后倾倒地诸暨市公安部门对涉嫌违法倾倒的嫌疑人进行了拘留,与此同时,杭州市富阳区环保部门联合公安部门对涉案企业进行了立案查处,责令部分企业停产整治并对负责人进行了拘留。富阳、诸暨两地政府还借此协商制定了废渣清运处置方案。以上两个案例说明我国公众对于环境问题及其危害的认识,在不断加深的同时,也有了较强的保护环境的意愿。但是由于公众对环境问题了解和认识不足,缺乏参与环境保护具备的环境科学知识、科学素养和态度,也会产生一些误报的情况。由于公众素质参差、相关制度流程和沟通渠道等方面存在不完善,这样的环境群体性事件便有概率会出现,但这并不能成为阻碍公众力量介入环境监督的理由,相反这将成为有关部门思考如何进一步推动群众有效环境监督的契机。

另一方面,公众"自下而上"的信息传递以社会组织 NGO 的形式实现。早在 2012 年,由数十家环保组织组成的"绿色选择联盟"便开始在各地开展污染源定位活动,依托公众环境研究中心开发了"全国污染源分布图";利用网络公开发布的污染物分布图具有动态性从而持续添加新资料的特点,供公众获取和了解相关污染源的信息;截至 2019 年,"绿色选择联盟"至少已经定位了数千家污染严重的企业,并通过和污染企业近距离接触,实地调查、监督他们的环境行为,及时披露信息,形成公众参与监督的工作机制(郭红燕,2018)。

综上所述,经过多年努力,我国环保公众参与信息传播渠道取得了积极的进展:环保信息社会公示法律法规逐步建立和完善;公众参与环境监督和管理的渠道机制不断完善;公众环保参与意识不断增强并能便捷地为环保事业出言献策。然而我国在环保信息公开上仍面临着挑战,政府的环境信息社会公示能否更加便捷,覆盖的范围能否更广阔,相关法律法规能否更完善,社会公众能否利用好举报渠道明辨是非,NGO 能否依据更全面的信息收集与更缜密的推断找出主要矛盾等,仍值得我们进一步思考。

三、社会组织发展程度

（一）发展现状

环保社会组织属于非政府组织，是环境治理领域的重要主体之一，是由社会或个人组织而成的社会力量参与管理环境治理的非营利性组织。环境组织的发展水平是衡量一个国家环境成熟度的重要指标。一个国家的环境状况往往取决于社会大多数人对环境保护的认识和参与程度。公众对环保企业组织的亲和力和兴趣，既可以吸引社会大量的人加入，增强环保的社会主义力量，也可以发展作为与公众环保利益对接的渠道方面进行语言表达。因此，环境非政府组织的发展揭示了公众参与环境的深度，可以大大地提高公众的有效参与。环境问题的复杂性是现代国家环境民主治理主要以群体形式进行的重要原因，群体形式往往涉及专业技术素养，社会上的普通人往往难以掌握。环境非政府组织作为社会的第三种力量，代表着对国家权力和一般利益的"政治承认"的多元化和分化的要求。它们还代表着对群体和个人的权利和特殊利益的"身份政治"和"准公共"责任。毋庸置疑，它们已经发展成为一个连接上层和下层的纽带。

环保社会组织是环境治理体系中极为重要的一环。我国环保社会组织的发展经历了从无到有的历程。1973 年，我国召开了第一次全国环境保护会议，这标志着我国环境保护事业的起步与发展。1978 年 5 月，中国环境科学学会成立，这是最早由政府部门发起成立的我国第一个民间环保组织。在 20 世纪 90 年代之前，我国环保社会组织主要是自上而下的半官方社会组织，包括 1983 年成立的中国野生动物保护协会，1991 年成立的黑嘴鸥保护协会等组织。随着我国环保事业的发展，环保社会组织的活动领域也不断扩大，逐渐转向自发成立社会组织，参与环境治理（康宗基，2015）。

根据民政部发布的《2007 年民政事业发展统计公报》，截至 2007 年底，全国共有生态环境类社会团体 5330 个，民办非企业单位 345 个，生态环境类社会组织总计 5675 个。根据民政部发布的《2012 年社会服务发展统计公报》，截至 2012 年底，全国生态环境类社会团体有 6816 个，生态环境类民办非企业单位 1065 个，生态环境类社会组织共计 7881 个，可见随着加强环境保护成为全人类的共识，我国民间环保组织的数量也有了大幅增长，在过去的 5 年间增长了 38.9%。

中华环保联合会以及自然资源保护协会于 2014 年 1 月发布的《民间环保组织在环境公益诉讼中的角色及作用》调研报告显示，中国民间环保组织主要可以分为四类：一是由政府部门发起成立的民间环保组织，如中国环境科学学会、中华环保联合会、中华环保基金会，地方的辽宁省环保志愿者联合会等；二是由民间自发组建的民间环保组织，如盘锦市黑嘴鸥保护协会、自然之友、地球村、环保志愿者群体、网络通联型组织、以非营利方式从事环保活动的其他民间机构等；三是学生环保社团及其联合体，包括学校内部的环保社团、多个学校环保社团联合体等；四是国际民间环保组织驻中国的机构，如世界自然基金会等。

如图 1-4 所示，首先，从各类环保组织的构成上看，我国民间环保组织中由政府发起设立的环保组织和高校环保社团居多，均在 40% 左右；草根民间环保组织较少，仅占 15%。可见我国环保民间组织的发展有着较为明显的政府主导性质，政府在推动环保事业发展中的作用是关键性、主导性的，公众的环境参与意识仍然不够强，投身环境保护事业的热情与意愿并不高，这是因为我国与国际上其他发达国家环境保护的发展历程不同，同时也与我国长期以来的"大政府小社会"的治理模式息息相关，早期多

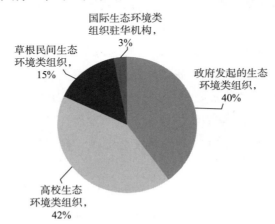

图 1-4　生态环境类社会组织的类型构成

资料来源：根据《2012 年社会服务发展统计公报》数据绘制。

数由政府部门发起成立的环保民间组织缺乏活力，对政府的依赖性强，独立治理能力弱，与社会公众沟通少，缺乏广泛的民众基础，公众不能或不愿参与环保民间组织（卓光俊，2012）。由此，环保组织功能的发挥以及所产生的效用都十分有限。

其次，环保组织发展存在地区的不均衡性，我国民间环保组织主要集中分布在北京、上海、广州等经济发达的东部沿海地区，如北京的"自然之友""绿色北京"，上海的"野生生物守望者"等；而经济欠发达的中西部地区则较少，在此地域内影响力较大的只有成都的"绿色江河"。

另外，在环保组织从业人员的构成上，在现有的22.6万名从业人员中，26.8%的没有环保相关专业背景，近50%的环保民间组织中仅有1~2名专业人员；多达30%的团体仅有兼职人员没有全职人员。由于专业性人才的匮乏，环保民间组织参与国家环境政策制定和实施社会监督的能力不足、成效不高。目前，我国环保民间组织在参与环境政策制定和实施社会监督上，大多是从某单一视角提出意见和建议，缺乏统筹综合的能力、专业理论的指导和基础数据的支持，难以发挥组织专业化的优势。

综上所述，我国环保民间组织已经成为环境治理体系中不可或缺的重要主体，其发展进程也正在逐步加快，但与此同时也面临着诸如独立性不强、专业性不足、组织松散等问题。

（二）典型案例

民间环保组织运用自身的群众基础、专业知识和沟通渠道，主动担当起国家环境政策的监督者、促进者的角色。民间环保组织针对具体的环境问题，通过提出科学的研究报告、专业性的政策建议等形式，积极运用一切合法渠道影响政府的环境决策，推动政府环境政策的制定和调整，使环境权益和社会公益资源得到更为合理的配置。

2002年，重庆市决定在主城区建设30万千瓦的燃煤发电厂，市民对此反应强烈。重庆市绿色志愿者联合会组织市民召开研讨会，呼吁政府停建这项以牺牲重庆市主城区空气质量为代价的工程，年底重庆市政府决定停建该工程。同年，福建榕屏化工特大环境污染事件中，屏南绿色之家帮助受害村民实地取证，向政府反映情况，并向媒体曝光，不断寻求社会关注并合理运用法律手段进行维权，最终涉事公司整改并赔偿受害村民 68 万元。2004～2008 年淮河水污染事件中，生态环境组织淮河卫士成功运用媒体手段与公众关注，推进了企业环境信息公开系统、淮河流域自然生态保护区以及相关监控网络的建立。在 2011 年苹果污染事件中，公众环境研究中心、自然之友等多个生态环境类组织联合起来，分别负责调研涉事企业，合力监督企业整改。在 2013～2017 年腾格里沙漠污染事件中，中国生物多样性保护与绿色发展基金会经过实地调查取样检测之后，向被告企业提起环境诉讼，在生态环境类组织的大力推动之下，该事件也引起了政府的重视与社会的广泛关注。2014 年 12 月，国务院专门成立督察组，敦促腾格里工业园区进行大规模整改，最终法院判决涉案企业投入 5.69 亿元用于修复土壤污染。2016～2018 年"常州毒地"事件中自然之友、中国生物多样性保护与绿色发展基金会实地调研，进行专业评估，提起公益诉讼，维护周边生态环境、公众健康，推动了环境保护的相关法律制度的完善（杨秀勇和朱鑫磊，2021）。

四、环境教育水平与发展

环境教育是以人类和环境两者之间的关系为核心，借助教育手段以提高人们的环境意识和环境保护的参与能力，以寻求解决环境问题的路径和实现可持续发展而展开的一种社会实践活动过程，我国的环境教育历经"为了环境保护的教育""为了可持续发展的教育"与"为了生态文明的教育"三个阶段（岳伟等，2022）。新时期在习近平生态文明思想指导下，环境教育在政府、社会、学校的协同促进下，致力于形成具有中国特色的环境教育体系。但目前环境教育仍未彻底地融入国民教育体系，需要在教育形式方面进一步演化，迈向成为主流教育模式的道路。

公众接受环境教育是参与环境保护的前提和基础，而公众接受环境教育的程度决定了在环保事业上公众参与的深度与广度，同时影响着相应环境政策的执行力度与公众接受程度。因此公众接受的环境教育程度的深浅同样能够反映公众参与的程度。

目前，我国的环境教育体系主要由专业环境教育和普通环境教育两大部分组成。专业环境教育面向大、中专学历以上学生,通过环境保护有关专业的学习或帮助学生掌握相关的专业技能,培养具有分析解决环境问题等有关能力的专业人才。普通环境教育在于借助宣传手段对社会公众进行环境教育,帮助个人或社会团体了解有关环境和环境问题的基本知识,从而激发其参与环境保护的积极性,形成良好的环境责任感。在1992年联合国环境与发展大会以后,经历了三十年的发展,我国的环境教育体系在两部分均有所成绩。

(一) 专业环境教育

首先是专业环境教育。在新中国成立后的一段时期内,由于中国认为环境污染是西方发达国家的社会制度所孕育的特有矛盾,因此并没有把对环境保护有关专业的建设与开发放在考虑范围之内。直到20世纪70年代初,人们才逐渐意识到中国也同样面临着环境污染的问题。1979年第一部《中华人民共和国环境保护法(试行)》对环境教育进行了明确的规定后,环境教育的发展也迈上了一个新台阶。同年,由教育部颁发的《教育部属综合大学理科专业目录》中增加了环境化学专业,生态学与环境生物学专业、水资源与环境专业以及大气物理学专业。可以说此时,环境相关专业才开始孕育成形。

总体来看,我国专业环境教育虽然起步较晚,但后续发展势头良好。在学科建设方面,各所高校纷纷完善自身的环境专业学科体系建设。例如,清华大学已构建起以环境科学、环境工程、环境管理三大学科方向为基础,涵盖多要素多介质的综合性、交叉型学科体系。在人才培养方面,政府与高校展开合作,为生态环境提供人才支持和技术贡献。"卓越农林人才教育培养计划"就是为了深入贯彻党的十八大、十八届三中全会精神,由教育部、农业部、国家林业局共同组织实施人才培养计划,确定了首批99所试点高校开展环境保护相关的人才培养。高校合作方面,高校生态文明教育联盟吸引了国内150余所高校加盟,其旨在以生态文明思想和理念引导实践,构建高校生态文明教育体系,共同开展环境领域的研究探索。与此同时,自1989年《中华人民共和国环境保护法》颁布以来,环境领域的专科院校也展现出蓬勃发展的面貌,为国家在专业领域培养出数以万计的专业人才，填补上了我国在这一领域的空缺。可以说从无到有，几十年间我国在专业环境教育领域取得了值得称赞的成果。

然而，在专业环境教育上我国仍有所不足。从横向比较来看，在工业革命早期，发达国家在多次自食过度破坏环境的恶果后，很早就认识到了正确的人与自然的关系，较早地建立起了专业环境教育体系。英国普利茅斯工学院环境科学系很早就认识到"环境科学是关于自然界对人类活动的约束，关于人类活动对环境的影响，和关于控制这些活动的经济和社会的可能性和关系的整个学科的总汇"。与之相比，我国高校环境教育的发展显得较为缓慢，国内专业环境教育仍存在环境教育体系不健全、环境教育内容不完善、环境教育形式单一等问题。通过环境专业和全国高校在校生学历结构的比较发现，两者存在着明显的差异，环境专业的本科生和研究生比例超过平均水平，这反映出了对环境专业高等人才的迫切需求。但专科生的短缺也反映出当时环境专业不同层次人才结构比例的失调。专科环境教育专业性不强，学科设置不够精细合理，学生缺乏专业技能使其毕业后都无法达到环境治理部门的要求，造成人才短缺和教育资源的浪费，形成专科教育的恶性循环。此后，高等专科环境教育改革也成了环境教育的一项重要任务。

（二）社会环境教育

社会环境教育属于普通环境教育的一个部分。从对象来看，社会环境教育是全民的教育。考虑到民众受教育程度和理解能力的参差性，它所涉及的环境保护知识都是科普性的。采取的形式多种多样，如在基层评比环境保护的先进个人和先进集体，举办系列讲座、上门发放有关宣传资料等。

目前我国社会环境教育还没实现系统化和规模化。尽管社会上大大小小的有关环境保护的活动方兴未艾，灌输环保知识，但人们对环境保护的理解层次偏低，获取环保信息及参与环保活动的主动性不高，即使参与有关活动大多数人也只是注重活动的参与感与体验感，却没有将这些活动所传递的环保理念扎根于现实生活中，活动后续影响效果偏弱。以上海市的垃圾分类为例，垃圾分类原本的目的是让公民在实践和理论学习中转变生活方式和生活态度，养成垃圾分类的良好习惯。自 2019 年 7 月《上海市垃圾管理条例》颁布和实施以来，在一段时间内的确引起人们的兴趣与关注，各单位纷纷学习垃圾分类的知识以及相应的投放标准。但是，与开始阶段的大范围宣传与人们的热烈回应相比较，后期垃圾分类工作的施行显得有些缺乏后劲。在记者的暗中走访调查中发现，一些社区出现居民干湿垃圾分类不到位和垃圾投放处清运不及时；高校垃圾分类行动滞后；医院干垃圾与医疗废物混合投放等现象。一方面与政府监督管理力度不够有关，另一方面也看到市民自身的自觉性和重视度方面的漏洞。例如，有些社区的垃圾分类依赖志愿者和环卫工人的二次分拣，部分高校也出现垃圾管理员包揽垃圾分类的现象，社会上甚至应运产生了一批"上门回收""代收垃圾"的专门职业，这实际上是部分市民缺乏主体责任意识，不利于生态环境持续向好发展（刘慧敏，2020）。

中小学生的环境教育也属于社会环境教育的一个分支。完善中小学相关环境教育，是贯彻落实我国环境保护基本国策，提高全民族的环境意识和科学文化素质的奠基工程。早在 2003 年，为落实《基础教育课程改革纲要（试行）》精神，将环境教育相关理论落为实际，我国教育部在基础教育新课程中的相关学科内容的设计中都不同程度地将环境教育融入其中，同时将环境教育作为一个跨学科的主题纳入中小学综合实践活动课程，并制定了《中小学环境教育实施指南（试行）》。因此，环境教育也成为学校素质教育的一个重要板块的内容。新修订的《中华人民共和国环境保护法》规定"教育行政部门、学校应当将环境保护知识纳入学校教育内容"。学校的环境教育（此处特指中小学环境普及性教育）由于得到了关注和重视，目前，中小学环境教育形成了国家引领和地方自主相结合的发展模式，全国各地中小学因地制宜地开展了环境教育相关课程。

西藏日喀则亚东县中学将生态文明教育放在对学生教育的重要位置，通过融入学校课程、课堂的形式多样的生态文明教育活动，显著提升了师生的生态文明教育理念。在上海市普陀区教育局、青少年活动中心的大力支持下，学校投入 12 万元建立"气象与生态""校园气象站"项目，成立气象生态科普社团。除此之外，普陀区气象联盟单位与亚东县气象局结为共建单位，远赴亚东开展科普教育活动，让"绿水青山就是金山银山"

"冰天雪地也是金山银山"理念根植于学生的心中。

大连市甘井子区郭家街小学首创了环境教育校本课程——环保与生活。教材内容可分为环保与学校、环保与家庭、环保与社区、环保与自然四个部分，同时与学校的另一课程——综合实践进行融合创新，通过趣味性的形式引导学生反思人与环境之间的关系，并以实践提高环保参与能力。

北京顺义一中则将环境保护教育作为生态文明教育工作的一个部分，通过三位一体的方式提高学生的生态环境保护的参与感与责任感。一是建设生态校园，如校园中水回收，空调系统采用地热循环技术，校园绿化以自然生长为主，形成本土生态；二是建构生态课程，大力推进以跨学科、交叉学科和边缘学科的综合实践课程建设，建构实际问题——师生——跨学科的研学共同体，在环境保护实践中，亲身体验，发现问题，解决问题；三是培育生态课堂，突出四对关键词——尊重与对话、丰富与关联、反思与创造、开放与融合，变传授知识为培养合作能力和思维品质。

中小学生是未来生态文明建设的力量源泉，近年来，中小学生环境教育有了长足进步，学生环保素养与实践能力与时俱进，而这也成为素质教育、德育教育和建设社会主义生态文明教育最基层、最直接和最具体的体现。

第三节　公众参与环境治理的社会调查案例

一、北京海淀区大学生群体环境关心量表（NEP）问卷调查分析

中国人民大学教授洪大用曾经在 2003 年的中国综合社会调查（城市部分）中使用了修订过的 NEP 量表，以对其在中国的适用性进行评估。他认为"虽然该量表具有可接受的信度和效度，但是也存在一些比较突出的问题，因此，如果在中国测量公众环境关心时，照搬修订过的 NEP 量表是有一定问题的，但是如果对这个量表略加改造，还是可以提高量表的信度

和效度，从而使它成为测量中国公众环境关心的一个重要工具"。进一步合作研究中，肖晨阳和洪大用提到，就目前而言，如果剔除 2000 年版环境关心量表（NEP）中的部分测试项目，可以构建一个较好的单一维度的中国版环境关心量表。基于研究分析，他们建议：目前可以用 NEP 量表中的八个正向措辞的测量项目加上 NEP8、NEP10。但在 2017 年吴灵琼和朱艳研究发现，虽然 NEP 量表的信度在针对不同群体的研究中具有相对稳定性，但其结构因不同群体而有很大波动。由于不同群体的心态体系存在差异，她们不建议直接采用洪大用等构建的 CNEP 量表对学生群体的环境关心水平进行测量，因此她们在中文版 NEP 量表的基础上针对大学生群体进行修订，创建了大学生版 NEP 量表（吴灵琼和朱艳，2017）。本部分在撰写调查问卷时采纳了该改良版的量表，并创建了如下调查问卷（见表 1-2）。

表 1-2　　　　　　　　　　NEP 量表大学生群体版

序号	项目内容	序号	项目内容
NEP1	世界人口总量正在接近地球所能承受的极限	NEP9	尽管人类具有改造自然的能力，但仍然需要遵循自然的规律
NEP2	为满足自身的需要，人类有权改变自然环境	NEP10	所谓人类正在面临"生态危机"，是一种过分夸大的说法
NEP3	人类对自然的破坏常会导致灾难性的后果	NEP11	地球就像是一艘空间和资源都非常有限的宇宙飞船
NEP4	人类的智慧将会确保地球适宜人类生存	NEP12	人类生来就是自然界的统治者
NEP5	人类正在滥用和破坏环境	NEP13	自然界的平衡是很脆弱的，很容易被打乱
NEP6	只要我们懂得如何开发，地球上的自然资源是很充足的	NEP14	人类终将深入理解自然规律，从而有能力控制自然
NEP7	动植物与人类拥有同等的生存权	NEP15	如果照现状发展下去，我们迟早将遭受一场生态灾难
NEP8	自然界的自我平衡能力足以应对现代工业化国家带来的影响		

资料来源：吴灵琼和朱艳（2017）。

前述已有研究表明，受教育程度与公众环境意识紧密相关，因而普通高等学校的大学生群体应该能够代表公众环境意识的较高水平。而众所周知，北京市是全国普通高校最多的城市，北京市的海淀区又是全市高校最多的行政区。考虑到本研究人力和物力的限制，本部分问卷调查的对象设定为北京市海淀区普通高等学校的在校本科大学生群体。通过问卷星在线平台的征集，本调查最终获得有效问卷 390 份。在数据分析中，由于表 1 - 2 中 1、3、5、7、9、11、13、15 等项是正向问题，因此答案选项设置了非常同意、比较同意、说不清/不确定、不太同意、很不同意的回答，依次被赋分值为 5、4、3、2、1；而量表中 2、4、6、8、10、12、14 等项是负向问题，因此答案选项设置了非常同意、比较同意、说不清/不确定、不太同意、很不同意的回答，被依次赋分值为 1、2、3、4、5。通过此设计，在被调查对象完整回答了整份问卷的前提下，这个量表的分值范围是 15～75 分，得分越高，表示环境关心水平越高。

根据调查数据进行统计分析后，发现受访大学生环境关心水平较高。根据表 1 - 3 可以看出海淀区大学生环境关心得分在 60 分以上的占大多数（52.3%），而得分在 50 分以下的只占到少数（14.4%）。

表 1 - 3　　　　　　　　环境关心得分

得分	人数	所占比例（%）
60 分以上	204	52.3
50～60 分	130	33.3
50 分以下	56	14.4
合计	390	100.0

身为接受高等教育的大学生，他们具有更加开阔的视野，自然会更多地关注环境方面的知识和信息，从而提升了他们的环境关心水平。另外，与其他年龄段人群相比，年轻人接触和使用各类新媒体的机会和频率高，使他们获取环境有关信息的渠道相较更多，汲取和接收的环境知识更加丰富深入，由此呈现出他们对环境更多的关心。另外，北京的经济发展水平较高，结合产业结构、城市化水平、城市规模、居民的价值观念等方面因素，其环境保护的要求相对于其他地区自然更高，环境宣传教育机制也更

加完善，进而公民产生较强的环保意识。而处于北京的大学生群体，不言而喻他们的环境关心水平高于平均水平。

根据洪大用的有关研究，我们还可以借此数据进一步分析北京市大学生环境意识的基本特征中是偏向于人类中心倾向还是环境中心倾向。所谓的人类中心倾向即不看重环境因素对人类社会的影响，人们可以利用主观能动性像解决其他问题一样解决环境问题。而环境中心倾向则强调环境因素的影响，认为人类应采取行动去顺应自然，否则将面临严重的后果。从分析数据中也可看出，被访者的环保意识主要处在"人类中心倾向"和"环境中心倾向"的中间。而对问卷调查内容进行的数据分析则表明，在大部分人对关于人类和自然环境之间的关系的认识方面，仍然呈现出了一定的环保中心偏向。NEP2、NEP3、NEP7、NEP12 测量了对于人与自然关系的认知。由表 1-4 的分析数据可发现，大多数人比较认可 NEP3、NEP4两项，而反对 NEP2、NEP12 两项。这可以用来支撑被调查的大学生倾向于环境中心的观点。

表 1-4 　　　　　　　　　受访者对人与自然关系的态度 　　　　　　单位：%

问题	非常同意	比较同意	说不清/不确定	不太同意	很不同意
NEP2：为满足自身的需要，人类有权改变自然环境	4.62	12.31	10.77	44.62	27.68
NEP3：人类对自然的破坏常会导致灾难性的后果	43.10	43.10	6.20	6.10	1.50
NEP7：动植物与人类拥有同等的生存权	64.60	23.10	7.65	3.10	1.55
NEP12：人类生来就是自然界的统治者	1.60	3.10	3.10	26.00	66.20

环境保护工作是一项长期性工作，它需要新一代年轻人接过接力棒，形成长期保持良好的环境的意识。通过对于海淀区大学生的调查，我们至少可以期待未来环保工作在年轻人的努力下持续有效地开展。同时，对于海淀区大学生的调查也引发了我们另一方面的思考，在今后的环境保护宣传和教育工作中我们是否应该有所侧重。当前，东部地区一些发展迅速的

省市，公民素质水平较高，已经具备了一定程度的环境关心水平，在对他们进行环境保护教育时是否可以进一步提高要求，呼吁他们提升环保参与度。而对于一些教育落后和经济发展程度低的偏远地区，在公民素质的制约下，我们更应该根据各地具体情况，因地制宜地做好基础的环保宣传工作，提升这些地区公民的环境知识水平和环境关心水平，为环保事业的地区协调发展打下良好的基础。

需要说明的是，在此调查中本部分只是通过海淀区的大学生群体缩影对环境的公众参与进行了研究评价，从特殊到一般的过程中自然还会有很多未能纳入考虑范围的因素，仍有待进一步开展更加深入的调查研究。

二、北京高校大学生环保社团开展环保公益活动情况研究

本次调研基于 206 份北京高校的大学生调查问卷和 16 份环保社团负责人的深度访谈问卷，从了解北京高校大学生环保社团的发展现状入手，深入分析了北京市高校大学生环保社团开展所存在的主要问题。利用问卷调查数据，探讨了北京高校大学生环保社团在推进环境教育、提升环境意识方面的作用，并分析影响这种作用发挥的主要因素等。最后，对北京高校环保社团的发展，和利用大学生环保社团推进首都生态文明建设，提出了政策建议。

（一）北京高校大学生环保社团的概况与问题

1. 调研社团的概况和宗旨

本次调研通过深度访谈的形式，对 10 所驻京高校的大学生环保社团的负责人进行了调查，了解到以这 10 所高校为代表的环保社团的发展情况。这 10 所高校分别为清华大学、北京理工大学、北京师范大学、北京体育大学、北京化工大学、中央财经大学、中国农业大学、首都经济贸易大学、中华女子学院和国际关系学院。

清华大学环保社团名为"学生绿色协会"，成立于 1995 年 4 月，是中国最早成立的高校环保组织之一。其宗旨是"绿色实践，行胜于言"，以"倡导绿色生活、开展绿色实践，提倡可持续发展，用科学的发展观为中

国的环保事业作出贡献"为宗旨，致力于从我做起，从校园做起，立足清华，宣传环境知识，倡导校园绿色生活，把环保与可持续发展的理念融入同学的生活和事业中，带动身边的人，领军青年环保，提高清华大学学生的环境保护与可持续发展的意识以及学校绿色大学建设。在负责人的眼中，该社团能够为同学们提供一个践行自己的环保理念和知识的机会。协会挂靠在清华大学环境学院，在清华园内具有较强影响力，已注册会员遍布清华各院系。自成立起会员累计上千人，有些已经成为环保事业的骨干力量，活跃在政府部门、企事业单位以及环保 NGO 的各个岗位中。

北京理工大学环保社团名为"绿萌资源与环境保护协会"，创立于1997 年 3 月 8 日，是隶属于北京理工大学校团委的校级公益性学生社团组织，社团以"合理利用资源，探索人与自然的关系"为宗旨，创办初衷是为了环保以及给同学们提供更多的志愿机会，在校内更好地传达环保理念，引导大学生将环保理念落实到行动中。

北京师范大学环保社团名为"PRED 学社"（人口、资源、环境、发展）。该社团原名地理学社，成立于 1967 年 10 月 13 日，是北京最早成立的学生团体之一。社团由北京师范大学地理学与遥感科学学院监督指导，以倡导公益环保、弘扬地理文化为活动宗旨，致力于扩充社员的专业知识，深化对全球 PRED 问题的认识，唤起人们对环保的关注，让大家共同参与到保护环境的实际行动中来。

北京体育大学环保社团名为"绿心环保社"，该环保社团的宗旨为以"心系绿色，手擎环保"为主题，致力于"使大家爱上环保并将其作为一生的职责"。

北京化工大学的环保社团名为"环保志愿者协会"，其宗旨是"环保为人人，志愿我先行"，社团始终身体力行地号召大学生积极投身到环保事业中去。

中央财经大学环保社团名为"绿岩环保协会"，其创办的初衷是为了宣传引导环保方面的相关事项，同时也是为了弥补校内环保类社团的空缺。

中国农业大学环保社团名为"绿脉环保协会"，其创办目标为宣传环保知识，鼓励大家做触手可及的环保项目。

首都经济贸易大学的环保社团名为"CUEB绿色生态协会"，其创办的初衷是保护环境，增强同学们的环保认同感。

　　中华女子学院的环保社团名为"绿色心愿环保协会"，其创办的初衷是为了增强同学们的环保意识，一起为环保贡献自己的一份力量。

　　国际关系学院的环保社团名为"环境爱护者协会"，社团宗旨是"增强环保意识，树立绿色新风"。

2. 北京高校大学生环保社团存在的主要问题

　　上述10所高校的环保社团在北京高校中具有很典型的代表意义，他们规模不一，在学校和社会上的影响力也不尽相同。其中，清华大学、北京理工大学、北京师范大学和北京化工大学的环保社团不仅规模较大，成员较多，在校内外也具备较高的知名度和影响力；而其他几所高校的环保社团却存在规模较小，社团活动较少，在学校内部的影响力也不高等问题。通过深度访谈，总体上，本次调研发现北京高校的环保社团存在以下主要问题。

　　一是高校环保社团规模和发展水平参差不齐。环保社团的规模一般与高校办学规模之间呈正相关的关系，但环保社团的规模还与学生参与度、社团知名度有很大关系。在参与问卷调查的高校环保社团中，大部分社团规模在10人左右，而有的社团成员人数在50人以上，由此可见，高校环保社团群体内部规模差距较大。环保社团的规模差距较大不利于社团之间的经验交流与合作，无法完成活动的有效对接，不利于首都高校环保社团群体的总体发展。

　　活动频率是衡量一个社团发展水平的重要标准。由调查问卷的结果可知，44%的环保社团活动频率为每月一次；每周举办一次活动和每两周举办一次活动的环保社团各占20%和24%。由此可知，绝大多数环保社团每月开展活动数量在两次以下。首先，相较于其他类型的社团而言，这样的活动频率是比较低的；其次，在参与调查的环保社团中，社团之间的活动开展次数也有较大的差距。环保活动频率低，一个原因在于创新能力不足，活动同质化现象较为严重。根据调查问卷结果，绝大多数环保社团目前开展的活动多为讲座、废品回收、校园清洁和知识竞赛等，在当今的时代背景下缺乏创新性，难以吸引同学参与其中。另一个原因则在于大多数学生的环保意识较为薄弱，对环保的关注度不够，参与环保活动的积极性不高。这两个原因在某种意义上相互作用，导致环保社团活动开展工作日益困难。

二是高校环保社团专业性不足。环保类社团及活动应当依托一定的专业性指导和成员的环保专业知识为基础，才能使社团发展和活动开展形成良性的循环。但是，大多数接受深度访谈的环保社团负责人表示学校没有环保类专业，同时也不知道从何种渠道获得环保方面的专业性指导，创办和维持社团完全是兴趣使然。而部分具有环保类专业的学校的社团负责人对于"学习环保专业的成员是否能对社团的发展起到关键性推动作用"的问题的回答也是不尽相同。有的负责人认为环保类专业的学生在活动的策划环节能提供从专业性角度提出很多建议和创意，增强活动的专业色彩；部分环保专业学生则把社团经历当成对未来职场规划的启发，而也有部分负责人表示由于环保类专业学生尚处于本科基础知识学习阶段，对于环保方面的认识还不够深入，没能充分发挥自身专业的优势。专业性不足问题将会成为环保社团继续发展壮大的一大阻碍。如何让环保类专业学生融入社团活动中并最大限度地发挥自身优势，如何让非环保类专业学生组成的环保社团得到有效且长期的专业指导都将成为首都高校环保社团亟待解决的问题。

三是高校环保社团内部管理机制不完善。社团内部管理的效率性和原则性是衡量一个社团优秀与否的重要标准（卢红雁和彦炯，2000）。从社团负责人的调查问卷结果来看，绝大多数社团都实现了部门职能化，社团内部都有明确的部门分工。超过半数的社团都有办公室、组织部和外联部，24%的社团拥有策划部，只有4%的社团配有信息部。但在后续的与负责人的深度交流中，我们了解到仍然有一部分高校环保社团在推进实现职能化方面受到了很大阻碍，如社团成员人数不足以支撑各部门的建立，社团受到学校团委等组织的过度管辖等。也有一些实现了职能化的社团，各部门工作量差异较大。有的部门承担了过多的任务，而有的部门长期没有收到任务，如负责争取活动资金的外联部和负责宣传工作的宣传部的工作量一般会大于负责记录整理档案的办公室，而且还有一些实现了职能化的社团存在内部各部门职能发生重叠的情况，对工作造成了极大不便。

在内部管理制度方面，76%的社团建立了例会制度，建立了财务管理制度和纪律制度的社团都在半数左右，说明大部分社团对于内部制度的构建还是很重视的。在制度的执行方面仍然存在一定问题，有的社团每周例会次数较多但是每次例会讨论的问题过于繁杂而没有重点，也有部分社团的例会是临时性质的，不具备持续性和长期性。

四是高校环保社团宣传力度有待增强。在本调研针对普通学生的问卷调查中发现，认为校内环保活动宣传力度不足的占57.92%，说明大部分学生很少能通过环保社团的有效宣传获得对活动的充分了解，也就很难真正融入活动之中，活动效果自然大打折扣。从负责人的问卷调查结果来看，96%的社团以微信朋友圈为主要的宣传方式和途径，64%的社团会在学校宣传栏进行宣传，少部分社团会采用抖音、微博等当下新兴媒体进行宣传。由此可见，大部分社团的宣传工作具有很大的局限性，宣传对象集中在微信朋友圈和校内学生之间，这样会导致参与者也有很强的局限性，不能吸引到足够大范围的活动参与者，也会影响到社团的知名度和活动的开展。

五是高校环保社团对外联系不够紧密。高校环保社团作为个体，在发展中会存在很多问题，需要其他环保社团的支持以及社会环保组织机构和政府环保部门的指导。如今，部分北京有关机构正在积极促进环保社团之间的交流，调查问卷结果也显示88%的环保社团会与国内其他环保社团进行交流合作，60%的环保社团与社会类环保公益组织有联系，36%的环保社团与政府类环保部门存在一定联系。这是一个好现象，但是这些联系大都是暂时的和不深入的，缺少长期性和紧密性。一些环保社团之间的交流频率一年大概2~3次，这样的交流频率不利于社团之间的合作和经验分享以达到相互促进和学习的目的。

同时，无论是社会环保组织机构还是政府环保部门举办的促进首都高校环保社团交流的活动，都缺乏一定的组织纪律和严格的管理制度，只是非常松散轻松的线下交流会而已，很难真正促进环保社团之间的深度合作和交流。而且，社会环保组织机构和政府环保部门对于环保社团的指导非常有限和缺少针对性，也无法完全促进社团的发展。

（二）环保社团活动与大学生的环保意识

国内学者已经对大学生环保意识进行了大量研究，并取得了一些成果。有研究从大学生环境保护意识、行为选择、情感需求三方面设计调查问卷，分析认为学校教育、媒体宣传、环保事件是影响大学生环保素养的主要因素（杨佳佳和赵永艳，2019）。也有学者研究显示当前大学生环境保护理论素养不高，环境保护方面的基础知识贫乏，环境保护意识与行为之间表现不一致，环保能力薄弱、环保活动流于浅层化（高天附等，2014）。还有以单个高校调查问卷数据进行实证研究，得出在校大学生环保意识较强，获取环保知识的自觉程度较低的结论（张巧巧等，2009）。

本次调查问卷面向北京高校大学生共发放有效问卷 206 份。在有效问卷中，男女生所占比例分别为 31.07% 和 68.93%；按年级分布有：大一学生 15.05%，大二学生 38.83%，大三学生 18.45%，大四学生 7.77%，研究生 19.91%；在学科上分为人文科学 57.22%，自然科学 42.78%；按是否加入环保社团分为：加入环保社团 40.44%，未加入环保社团 59.56%。

1. 北京高校大学生环保意识的自我认知水平特点

让调查对象对环保知识掌握程度、环保意识水平和参与环保行动情况进行自我评分，分值为 1~10 分。学生对于环保知识自我评分平均分为 5.69 分，峰值为 5 分，远低于环保意识自我评分平均分 6.7 分和环保行动自我评分平均分 6.2 分，说明学生自己认为环保知识掌握程度远滞后于自己的意识和实际行动。而根据所收集的调查问卷，有 77.05% 的学生希望在环保社团中学习到环保知识，也从侧面说明了学生环保知识的相对欠缺。学生环保意识自我评分平均分 6.7 分高于环保行动自我评分平均分 6.2 分，环保意识峰值 8 分也高于环保行动峰值 6 分。说明学生认为虽然自己的环保意识强烈，但是相较来说，实际的环保行动仍然滞后于环保意识，表现为意识与行动的不一致。

另外，对性别上的分布进行统计性描述，分别得到 $p = 0.005$，$p = 0.047$，$p = 0.005$，表明大学生环境意识自我认知水平在性别上存在显著性差异。且由表 1 - 5 可知，男生在环保知识、意识、行动上的自我评分平均分皆高于女生。然而对学生面临具体环境问题时的回答进行赋值分析，男女生对于具体环保问题回答的得分并无显著性差异。因此，造成大学生环境意识自我认知水平在性别上存在显著性差异的可能原因是男生在环境问题上的自我主观评价高于女生。不管按照年级划分，还是按照人文科学和自然科学的学科门类划分，抑或是否加入环保公益社团，对于大学生环保意识自我认知水平都不产生显著影响。

表 1 - 5 　　　　　**性别对环境意识自我认知水平和实际行为**

得分的差异和显著性检验

类别	环保知识 主观评分	环保意识 主观评分	环保行动 主观评分	具体环保 问题得分
男生平均分	6.188	7.247	6.672	14.280
女生平均分	5.472	6.549	5.986	13.820
显著性	0.005	0.047	0.005	0.283

2. 大学生环保意识的实际行为特点

由于只采取主观评分的形式难免有失偏颇，因此在调查问卷中设计了8道在日常生活中面临的具体环保问题来考查学生的实际环保意识，涵盖了资源节约、旧物处理、交通出行方式等方面，对于学生选择的具体选项进行赋值，分值为 0～3 分，最优选项得分 3 分，依次递减。将分值加总得出"综合"得分，而后从性别、年级、学科门类和是否加入社团等方面进行显著性分析，得出如下结论。

首先，性别对反映学生环保意识的实际行为影响不大。对性别与所得总分进行独立样本 T 检验，得到 p = 0.283，可知性别与学生环保意识的实际行为没有显著性差异。其次，自然科学学生实际环保意识高于人文科学学生。本次调查对反映大学生环保意识的实际行为总得分在学科上的分布进行了描述性统计分析，通过独立样本均值检验考察了不同学科在总得分上的显著性差异，结果显示自然科学学生平均得分 14.54 分，略高于人文科学学生 13.57 分的平均分，p 值为 0.01，表明自然科学学生实际环保意识高于人文科学学生。其原因可能是自然科学中包含了诸如环境工程等与环保具有相关性的专业，对于提升专业学生的环保意识具有明显作用。另外，低年级学生的环保意识高于高年级学生。对反映大学生环保意识的实际行为总得分在年级上的分布进行了描述性统计分析，通过独立样本均值检验考察不同学科在总得分上的显著性差异，所得 p 值结果如表 1 - 6 所示。

表 1 –6　　　　反映环保意识的实际行为总得分在年级上的显著差异

类别	大一	大二	大三	大四	研究生
大一		0.061	0.614	0.008	0.022
大二	0.061		0.003	0.113	0.308
大三	0.614	0.003		0.001	0.003
大四	0.008	0.113	0.001		0.285
研究生	0.022	0.308	0.003	0.285	

由表 1 - 6 可知，检验大一与大二、大四和研究生得分差异的显著性 p 值分别为 0.061、0.008 和 0.022；检验大三与大二、大四和研究生得分差异的显著性 p 值分别为 0.003、0.001 和 0.003。这意味着大一和大三学生的得分显著区别于大二、大四和研究生。造成这种情况的原因可能是大一学生刚刚中学毕业，保留了中学要求比较严格的环境卫生习惯；而大三学生课业相对轻松，尚未像大四学生一样面临着毕业求职升学压力，更有精力提高自身的环境意识；而研究生同学学业压力比较大，主要着眼于专业相关领域，较少参加环保活动，从而环保意识有一定懈怠。

3. 环保社团的评价与影响

本调查对环保社团工作效果设立学生"一年内参加环保活动次数""培育环保意识作用得分""开展环保教育效果得分""提升环保自觉性得分"四个指标进行评价（见表 1 - 7）。不管从性别、年级、还是学科分类上看，不同群体对环保社团工作效果评价并没有显著性差异，只有是否加入环保社团这一因素才显著影响对于环保社团工作的评价（见表 1 - 7）。另外，我们还对是否加入社团与大学生环境意识所得总分进行独立样本 T 检验，得到 p = 0.129，可知是否加入社团与学生环保意识的实际行为没有显著性差异。这说明了，当前北京高校大学生环保社团在推进大学生从环保意识转向实际行动方面，成效并不显著。换句话说，环保社团在切实改变学生环境行为方面尚未发挥充分作用。环保社团工作影响更多的只局限于社员内部成员对社团的主观评价，并没有带动提高广大学生整体的环保意识水平。社团开展的活动影响人群多为社团成员，无法辐射其他学生群体，让更多的大学生参与到环保社团举办的各种活动当中。

表1-7　　　　是否加入社团对社团工作评价结果的得分差异与显著性检验

项目	一年内参加环保活动次数	培育环保意识作用得分	开展环保教育效果得分	提升环保自觉性得分
加入环保社团平均得分	3.86	6.61	6.57	6.66
未加入环保社团平均得分	0.73	4.79	4.77	4.89
显著性	0.00	0.00	0.00	0.00

（三）问卷调查的主要结论及对策建议

1. 主要结论

本次问卷调查发现了以下几个较为明显的现象。

首先，大学生环保知识的获取显著滞后于环保意识和环保行动。通过前面的分析，虽然在校大学生群体环保意识强烈，具有较强的环境责任心，但是其环保意识综合水平与期望值还有较大差距。学生的环境保护知识匮乏，大多数学生空有一腔环保热情，但是对于具体环保知识的掌握有所欠缺。据调查问卷显示，有44.66%的学生不知道"世界环境日"的具体日期，有24.79%的学生不知道或知道也从未垃圾分类过。

其次，学生的环保实践水平尚待提高。虽然学生也积极参与环保实践，但是相较于环保意识水平，环保行动水平还有很大的提高空间。有71.85%的学生习惯使用一次性打包盒打包食堂饭菜，有49.51%的学生会经常忘记垃圾分类。

最后，北京高校环保社团在推进大学生群体环境意识水平方面的工作有待提升。由以上分析可知，环保社团开展的活动影响局限于社团成员，而对于广大学生群体效果有限，非社团成员的普通大学生年参与环保活动次数平均仅有0.73次，远低于社团成员的3.86次。而且社团成员本身倾向于高估社团工作成效，无论对于学生环保意识的培养，还是环保知识的教授，抑或提升学生环保自觉性方面，社员的评价均明显高于整体学生评价。

2. 有关北京高校大学生环保社团发展的政策建议

首先，积极培养社团的创新性。环保社团的创新主要突出体现在活动内容形式的创新与宣传途径方式的创新两个方面。在活动内容形式方面，环保社团自身一定要从生活实际入手并且大胆创新，让活动的内容更加符合环保理念和针对身边问题，活动的形式更能吸引同学。社团内部成员要积极和周边同学进行交流，了解大家对于环保活动的理解和期待，开展一些有针对性、特色性、吸引力的长期性的环保活动。同时，还要敢于摆脱传统环保活动机械的套用公式，将环保与其他事物联系起来，如环保与传统文化、环保与动物保护，以及环保与艺术，使之达到交叉、融合、创新的效果，让参与者在活动中更有获得感和成就感。在活动结束后，可以对参与者进行抽样调查和访谈，及时获得活动反馈，为以后的活动提供经验教训。

在宣传途径方式方面，环保社团要积极利用新兴媒体的作用并将其放至最大。例如，以社团的名义在"抖音"软件注册账号并定期上传环保短视频；在校园内办环保电子刊物，定期刊登一些环保类文章和趣闻；拍摄环保 Vlog 上传至视频网站及微博，提升社团知名度，促进活动的推进和发展。

北京高校环保社团更要依托于北京的城市文化和丰富资源，将环保理念与其相结合，如环保走进故宫、同科技馆合作举办环保成果展、举办环保宣传"快闪"活动等。通过这些具有创新性的活动能提升环保社团的活动能力，促进各社团积极实现自身的完善发展。

其次，努力提升社团的专业性。环保类社团从根本上还是有别于其他兴趣类社团的，其需要较高的专业性和来自专业领域的知识和指导。这就需要充分发挥社团内部环保类专业学生的专业优势，使环保类专业学生在社团活动的策划、材料准备以及活动进行的各个环节中都能从专业性的角度提供帮助。甚至可以将自己的学业和社团活动进行结合，如体验制造环保材料，在学生群体中进行环保调研，参观环保类工厂等，这样也能使参与者在深度体验中学习环保理念，使活动不会只浮于表面而能在实质上提升参与者的环保意识，更好地实现活动预期。

对于校内没有环保类专业的高校的环保社团而言，积极寻找专业组织机构的帮助和指导是提升社团专业性的一条关键途径。环保社团要敢于走出校园，加强与社会正规环保组织机构以及政府环保部门的联系，拓展自身的交流圈，与环保领域专家学者进行深入交谈，向其请教社团活动开展过程中遇到的各类问题以获得专业性指导。如果能与专业环保组织机构保持长期有效的合作，接受长期性的专业指导，对于社团的未来发展和潜力的发掘一定会有极大的帮助（Weigel et al.，1978）。

最后，专业环保组织机构和各高校要发挥引领和支持作用。政府环保部门应当认识到具备高等知识和技能的大学生群体是环保理念宣传的生力军和主要对象，发挥政府部门的引领作用，联合社会环保组织机构和各大高校环保社团，建立北京高校环保社团联合会。联合会内部也要实现职能化分区，建立完善的管理制度；联合会主席团由各环保社团负责人担任，主席通过换届选举产生。而且，社会环保组织机构应当与固定的高校环保社团进行对口合作，一个社会环保组织机构只面向规定的若干个社团，并且社团与组织机构应有定期的例会交流，以确保合作关系能够长期持续下去。这样才能让首都各高校环保社团的联系具备长期性和紧密性，社团之间的交流合作才真正具有意义。

另外，各大高校团委或行政管理部门也应当对环保类社团予以支持，保证环保社团有充足的活动经费，减少社团活动因活动经费不足而无法开展或需要社团成员先行垫付经费等情况的发生；也要减少对社团的管辖压力，减去不必要的限制，给予环保社团较为宽松的发展环境，让环保社团能够真正蓬勃发展（Dunlap et al.，2000）。

3. 推进大学生环保意识的政策建议

首先，普及环保知识，加强课堂教育。根据调查问卷显示，当前大学生主要通过网络媒体和报纸杂志获取环保知识，这些途径固然不可或缺，但是往往起不到系统培训的作用。为帮助学生形成更加系统的环保知识体系，课堂教育的作用不可取代。应该推动高校环境保护课程的设立工作，将环保课程纳入必修课或选修课中，让环保知识相关课程在学生教育考核体系占有一席之地，对学生进行专业化培训。

其次，建立机制体制，鼓励学生积极投入环保实践。高校应营造浓厚的绿色校园文化氛围，重视环保社团发展，创造机制体制，带动每一个学生积极投身于环保实践。除了环保社团自身改革创新之外，高校应提供发展契机和支持机制，提高社团在学生中的影响力，避免环保社团在学生社团中被边缘化的尴尬处境。将环保教育同社团相结合，不要让环保社团的工作流于浅层化、形式化。

第二章

大数据背景下公众参与环境
治理程度的创新评估方法

　　与传统分析方法不同，本章利用大数据分析技术，通过三种模态构建起公众参与环境治理程度的创新评估方法。第一节基于用户的网络搜索行为数据刻画了公众环境关心指数；第二节基于全国性网络问政平台——人民网"地方领导留言板"的文本数据，利用大数据背景下的数据挖掘、文本分析和机器学习技术，获得了反映公众环境诉求的特征数据，并对其影响因素进行了深入分析；第三节基于网络社交媒体平台——微博用户的评论数据、转发数据和点赞数据等，构建起了反映微博平台传播影响力的公众环境关注指数；第四节是利用熵指数构造权重的方法，将前述公众参与程度的传统指标与创新性指标进行了融合，得到反映公众参与环境治理程度的综合评价指标。

 基于网络搜索行为的公众环境关心指数构建

一、文献综述

　　公众环境关心（public environmental concern），由于其内容宽泛，学术界尚没有统一的定义。邓拉普等（Dunlap et al.，2002）认为，公众环境关心指公众对解决环境问题所需努力的支持程度以及对此作出贡献的个人意愿程度。但也有不少学者认为，公众环境关心等同于公众环境意识（environmental consciousness）或者公众环境态度。为更好地理解公众环境关心与环境行为、政府环境治理以及环境政策实施等因素之间的关系，环境社会学家在最近 30 多年来致力于利用量表设计和问卷调查的方式进行公众环境关心评估。在量表使用方面，目前主要有三种较为经典的评估工具，包括生态量表、环境关心量表、新环境范式量表等。这些量表都从多个层次和角度考察了环境关心的丰富内涵，但也因此造成了测量极端复杂的情况。相比前两者，NEP 量表采用了一般意义上的环境话题设计，一定程度上克服了时效性等问题，在全球范围内得到了最为广泛的应用。2006 年，国内学者洪大用（2006）借助中国综合社会调查数据（CGSS）改进了该量表，将其首次运用在中国公众环境关心的评估中。此后，国内一系列研究围绕 NEP 量表的技术修正而展开，洪大用等（2014）还提出了中国版的环境关心量表（CNEP）。

　　尽管 NEP 量表已经成为公众环境关心的主要评估方法，但是这种方法却存在一些固有缺陷。第一，介入性偏差较大。问卷调查的方式很容易导致受访者因为意识到被关注而刻意改变其行为或言语。在环境关心调查中，受访者可能倾向于迎合调查者的潜在价值观，作出违心之选；另外，由于不用采取切实行动，受访者也容易夸大认知，因此该方法可能存在对环境关心高估的风险。第二，抽样调查方法容易产生随机性抽样误差，即由于抽样框质量低下或变动频繁导致样本代表性不足，或抽样总体与目标总体之间出现巨大差异等。第三，由于流程复杂、成本较大，抽样调查往往存在周期长和时效性差等弊端。因此，NEP 量表方法只能反映公众环境关心的基本层面，并且无法追踪公众环境关心的动态发展，从而限制了其应用价值（Lalonde et al. , 2002）。

　　新闻传播学界的议程设置理论认为，大众媒体能够对公众意识和对突出问题的关注产生影响，即媒体能够影响受众头脑中的图像，虽然它不会告诉受众该怎么想，但却会影响受众该想什么。随着互联网技术的发展，网络已经取代纸质媒体和电视，成为公众获取信息的主要途径。以中国为例，截至 2016 年 12 月，中国网民规模已达 7. 31 亿人，相当于欧洲人口总量，互联网普及率超过 53%。由此，网络媒体势必在形成社会议事日程方面，在影响公众意识、认知和关心等方面产生深刻影响。随着大数据时代的到来，各主要网络搜索引擎已经有能力记录并存储公众所有的搜索行为。这样一来，利用搜索引擎上相关词汇的搜索量数据，可以很好地反映公众在某一方面的意识、认知和关心程度等问题。事实上，自2009年以来，网络搜索数据作为反映公众关心程度的指标已经被广泛运用到宏观经济预测等领域的研究中（Choi et al.，2002；刘涛雄等，2015；徐映梅等，2017）。

相比问卷调查的方式，利用网络搜索数据评价公众关心的优势在于：一是搜索数据作为电子化痕迹，立足于真实发生行为，其产生是在调查对象无意识的情况下进行的，能够避免介入性偏差；二是数据是全样本，因而可以说不存在随机性抽样误差；三是数据具备高频、海量的特点，可以被应用到更加复杂的模型分析当中，并且数据获取成本也要大大低于问卷调查方式。当然，网络搜索数据与问卷调查相比也有一些固有局限，表现在：一是研究对象为网上公众，对于全体公众来说存在一定的覆盖偏差。但是，包含覆盖偏差在内的系统性偏差无论是大数据还是抽样调查方法都不可能完全避免。二是网络搜索只能得到总量数据，意味着研究者无法区分个体网民的搜索频次，即无法区分重复搜索行为。但目前已有大量研究证实了网络搜索数据在反映公众关心方面的有效性（对公众关心程度的代表性）和可靠性（包含的随机误差的大小）问题，认为网络搜索数据是反映公众关心议题的重要指标（Scharkow et al.，2011）。

在反映公众环境关心方面，国内外学者也开始重视利用网络公众对环境相关词汇的搜索量数据。卡恩和科钦（Kahn and Kotchen，2011）利用谷歌趋势（Google Trends）上"气候变暖"一词的搜索量数据反映公众环境关心的变化；郑思齐等（2013）、徐圆（2014）则利用谷歌趋势和百度指数（Baidu Index）上"环境保护"一词的搜索量数据反映中国公众环境诉求。然而，现有文献很少有关于系统性评估公众环境关心程度的针对性研究。由于其研究目的大多只是将搜索量数据作为公众环境关心或环境诉求的替代指标进入回归模型，因此其关键词选取比较随意，大多以几个常见关键词的搜索量来指示。路兴（2017）曾建立了一个综合评价指标体系，利用网络搜索数据对中国公众环境关心进行评估，这是与本书研究内容最为接近的文献之一，但由于其缺乏对公众环境关心内涵的深入阐述，环境关键词选取的依据不足，并且也缺乏相关理论分析；此外，其分析没有考虑网络搜索量的自然增长，也没有深入考察影响公众环境关心的因素如何，因而在研究内容和方法上值得丰富与改进。

相比现有研究，本部分的贡献在于：一是利用网络搜索数据，避免了问卷调查方法下的固有缺陷，能够追踪公众环境关心在内容以及程度等方面的变化。二是在前人研究基础之上，对公众环境关心的内涵进行了深入阐释，提出了环境关心的四个递进层次，这使本部分与单纯地利用网络搜索数据进行实证分析有本质的不同。本部分是将大数据应用到经济社会调查的有益尝试，获得的高频时间序列数据，也有助于将公众环境关心的评估应用于更为广泛的社会经济分析中。

二、公众环境关心评价指标体系的建立

（一）公众环境关心的内涵

以邓拉普等（2002）为代表的许多学者认为，公众环境关心的测度必须建立在对环境关心内涵和边界清晰界定的基础上。他们认为，环境关心从字义上看可以分为两个组成部分：一是"环境"组成，它反映的是环境关心的实质性内容，由研究者选定的一系列或特定的环境话题来考察；二是"关心"组成，它体现的是环境关心的表达方式，亦即公众对上述环境话题如何体现出关心，可以由研究者为探究公众态度所采用的特定方式来反映。邓拉普等（2002）认为，无论是"环境"组成部分还是"关心"组成部分，由于话题和表达方式多种多样，难以有统一的测量方法。究竟采用何种方法要根据研究目的，并在概念界定清晰的基础上进行。这也是只关注于一般性环境话题的 NEP 量表，其测度的公众环境关心只是关于"生态中心世界观"这种基础层面的反映的原因。

本部分认为，在互联网已经成为公众获取信息主流渠道的背景下，环境关心的表达方式可以利用"互联网搜索行为"来体现。心理学态度理论中合理行动理论认为，行为人做出某一特定行为是通过理性思考的，行为态度决定行为意向，而行为意向最终导致预期行为结果。计划行动理论是

合理行动理论的扩展，认为态度、规范以及个体对自身的感知会导致预期行为。因此，在网络空间公众对特定话题的搜索行为反映了其对该话题的态度、意向、规范以及自身感知等。也就是说，环境话题的网络搜索行为反映的是该行为人的某种环境态度、生态价值观、环境偏好乃至环境诉求。接下来，就是对"环境"组成部分的确定。由于该部分是由一系列特定的环境话题所构成，网络搜索的对象——"环境关键词"将成为这一部分很好的指代，它恰恰是公众通过特定渠道表达关心的指向。利用环境关键词指代"环境"组成部分的优势在于，这部分话题是客观存在的，并非由研究者主观选择的，避免了由此带来的话题被多样性。话题是否单一、特定和多样，完全取决于被调查者自身，即公众的选择。换句话来说，环境话题的选择将由公众对哪些关键词具有较高的搜索热度来确定。由此，利用网络上客观存在的搜索量数据形成环境话题，能够避免量表设计只能考察环境关心最基础层面的弊端，实现对公众环境关心多层次的分析。

结合心理学态度理论以及邓拉普等学者的定义，本书所要考察的公众环境关心指的是，建立在生态价值观基础上的公众对自身行为影响后果的认知与关心，对解决环境问题的支持程度以及愿意为此作出贡献的意愿程度。具体来说，公众环境关心的内涵包含如下四个层次。

第一，对人类与自然生态环境之间关系认知的生态价值观。这是环境关心最基础的层面，也是传统问卷调查方法下话题考察的对象，可以概括为公众的环境态度。

第二，对人类行为造成影响后果的认知与关心。分为对环境污染的认知和关心，以及对非专业性环境知识的了解和关心。

第三，对人类社会为解决环境问题所做努力的支持程度。由于解决环境问题主要依靠"自下而上"的环境参与和"自上而下"的环境治理，因此可以理解为公众对环境参与或公民环境组织的关心，以及对环境政策的关心。

第四，个人对环保作出贡献的意愿程度。可以理解为公众所采取的环境行动，可以归为两类：一类是替代型环境行动，指的是在保持既有消费水平的情况下，以绿色产品替代污染产品的行动；另一类是减少型环境行动，以节约环境资源的消耗为体现。

以上四个层次在逻辑关系上是逐层递进的。第一个层次只是生态价值观或环境态度的体现，这是环境关心的基础，但其不能反映出公众更高层次和更具体的环境需求、偏好以及行为特征等，因而处于评价指标体系中最低的层级。第二个层次反映了个体拥有生态价值观后展现出的对行为后果的关心，体现出更高水平的环境诉求，并具有更加具体的内容和话题指向。第三个层次显示了公众由环境诉求上升为对环境治理的支持和参与。从关注政府环境治理政策到关心环境参与方式，公众环境关心的层次由态度向行动的更高级方向转变。第四个层次反映了公众由支持行动上升为采取行动为环境治理作出贡献。其中，减少型环境行动由于要降低消耗及消费水平，而体现出更高水平的环境意识，因而在指标体系中处于最为重要的位置。

（二）环境关键词词库的建立

在上述四个层次内涵的基础上，本书首先利用主观选词法确定网络搜索关键词的初步范围。在已有研究中，关键词选取方法归分为主观选词法和模型选词法。主观选词法是根据自身经验以及他人研究，初步划定关键词范围，再根据实际的效果来确定最终关键词。虽然该类方法可能存在丢失核心变量的风险，但由于其操作性强、工作量小、数据获取便捷等原因，而在实际研究中运用最多（徐映梅等，2017）。本书主观选词法的具体操作是，在专家讨论的基础上，将满足：（1）与本书所定义的环境关心内涵紧密相关；（2）已有文献已经使用过；（3）描述环境相关话题的基本面；（4）表达与使用较广泛等四个条件的常用汉语词汇尽可能全部纳入。例如，在环境态度层次上，选择含有保护、发展类含义的代表性关键词；在环境污染关心层面，选择表征常见的环境污染问题以及具体污染物的词汇；在环境知识关心方面，选择畅销类环境书籍、经典环境类知识和概念等词汇；在环境政策关心方面，选择中国已公布实施的全国性环境政策法规名称；在环境参与社会组织关心方面，选择了有影响力的公民环保社会组织名称；在替代型环境行动关心方面，选择了与绿色消费有关的理念及产品；在减少型环境行动方面，选择了拥有节约、减少、降低等含义的消费行动类词汇。

　　值得注意的是，用于指标编制的环境关键词并非越多越好。原因在于，过多的关键词指标会带来维数灾难，使无关信息噪声过多，造成可用数据稀疏，指标编制的有效性降低、难度加大。因此，在获得初选范围后，必须进一步精简和凝练范围。本书的做法是：首先，在百度指数上依次确定每一个词汇是否被收录，未被收录的词汇将被删除；其次，初选范围内许多关键词存在语义重复的情况，本书根据百度指数提供的相关词分类工具，删掉其主要的来源相关词和去向相关词与环境联系不大的关键词；利用百度指数自动推荐工具，增加相关性较高、同时又符合上述四个条件的关键词。例如，"环境保护"与"保护环境"都在初选范围之内，但经过对比，"保护环境"的来源相关词和去向相关词都指向了"作文"，因此予以删除。最后，本书比较了每一关键词的日均搜索量，保留了搜索量位于前50名的关键词，将其划分到不同的环境关心内涵层次下。由此，确定了最终的环境关键词词库。由表2－1所示，搜索量位于前50名的关键词有40%以上集中在环境污染关心层面，这反映了当前中国公众环境关心的特点。

表2－1　　　　　　　　公众环境关心网络搜索关键词词库

目标层	准则层及其权重	指标层（关键词）	个数
环境价值观	环境态度 （0.0954）	环境保护，生态文明，可持续发展，生物多样性，水土保持，断舍离，循环经济	7
行为后果认知	环境污染关心 （0.0534）	环境污染，温室气体，酸雨，雾霾，PM$_{2.5}$，空气污染，水污染，全球变暖，臭氧层空洞，核辐射，大气污染，土壤污染，空气质量，碳排放，汽车尾气，噪声污染，农药残留，污水，垃圾，气候变暖，水质监测	21
	环境知识关心 （0.1077）	马尔萨斯陷阱，难以忽视的真相，寂静的春天	3
对解决环境问题的支持程度	环境政策关心 （0.0924）	环境保护法，大气污染防治法，水污染防治法，碳交易，"水十条"，大气污染防治行动计划	6
	环境参与社会组织关心 （0.1845）	绿色和平组织，世界自然基金会，自然之友	3

目标层	准则层及其权重	指标层（关键词）	个数
对解决环境问题作出贡献的意愿程度	替代型环境行动关心（0.156）	新能源汽车，绿色食品，有机食品，清洁能源，绿色出行	5
	减少型环境行动关心（0.311）	节约用水，节约用电，节能，节约粮食，低碳	5

注：括号内数值为层次分析法下权重计算结果。

（三）公众环境关心评价指标体系

本书所定义的公众环境关心具备四个内涵层次，它们之间在重要性上是逐层递增的逻辑关系。因此，为了凸显和确保这种关系，在构建公众环境关心评价指标体系时，适用于主观赋权法，本书采用层次分析法。层次分析法（AHP）是将与决策有关的元素分解为目标层、准则层、指标层等层次，在此基础上进行定性和定量分析的决策方法。该方法按照各因素相互间的关联影响和隶属关系，将各因素按不同层次聚合，形成多层次的分析结构模型，被广泛应用于综合指标评价等领域。按照其实施步骤，本书首先构建了递阶层次式的指标体系。亦即将所定义的四个层次及其包含的七个方面不同内容依次划分为目标层和准则层，然后将对应内容下经过筛选的网络搜索关键词列为指标层（见表2-1）。

通过对比目标层和准则层内部相互重要性来构建判断矩阵。在构建判断矩阵时，按照各层次重要性递增的方式，按9分位标度法并结合专家打分，最终确定它们之间的相互重要程度（目标层的判断矩阵如表2-2所示）。至于指标层内部，由于是以搜索量为标准筛选出相应环境关键词，指标层内部各关键词认为重要性一致。利用YAAHP软件，对得到的判断矩阵进行了一致性检查。一致性检验结果为0.01 < 0.1，认为矩阵的一致性是可接受的。各准则层权重计算结果见表2-1括号内数值。

表 2 - 2　　　　　　　　　　　　目标层判断矩阵

判断矩阵	环境价值观	行为后果认知	对解决环境问题的支持程度	对解决环境问题作出贡献的意愿程度
环境价值观	—	1/2	1/3	1/4
行为后果认知	—	—	1/2	1/3
对解决环境问题的支持程度	—	—	—	1/2
对解决环境问题作出贡献的意愿程度	—	—	—	—

注：采用9分位打分法，1~9代表了重要程度依次递增。

三、全国公众环境关心指数的分析

第一，利用爬虫技术，从百度指数上获得了包括北京市和全国范围在内的，上述各指标层下所有关键词在研究期间（2011年1月1日至2016年10月27日）各地区的平均整体搜索量数据 K_{jt}^m（其中，t 代表时间，j 代表准则层，m 代表 j 准则层下第 m 个关键词）。然后按照所归属的准则层权重 w_j 加总，得到各准则层下的总体搜索量。考虑到各地区互联网快速发展和用户增长的差异，编制得到的环境关键词总体搜索量数据应该利用各地区的"网络搜索总量"进行调整。根据"现代汉语研究语料库"的统计，助词"的"的使用频次最高，因而本书利用各地区研究期间内"的"字的总体搜索量数据 De_t 对环境关键词总体搜索量进行了调整，构造了各地区公众环境关心指数，以及环境关心内涵指数。

$$eci_t = \frac{\sum_{j=1}^{7} w_j \sum_{m=1}^{M} K_{jt}^m}{De_t} \qquad (2-1)$$

$$ecci_{jt} = \frac{\sum_{m=1}^{M} K_{jt}^m}{De_t}, \ j = 1, 2, \cdots, 7 \qquad (2-2)$$

其中，$ecci_{jt}$ 为反映第 j 个准则层在 t 时刻的环境关心内涵指数，包括环境态度指数（$ecci_1$）、环境污染关心指数（$ecci_2$）、环境知识关心指数（$ecci_3$）、环境政策关心指数（$ecci_4$）、环境参与渠道关心指数（$ecci_5$）、替代型环境行为关心指数（$ecci_6$）以及减少型环境关心指数（$ecci_7$）；eci 为公众环境关心指数；w_j 为层次分析法下得到的各准则层权重；K_{jt}^m 为 t 时 j 准则层下第 m 个环境关键词的搜索量；M 为 j 准则层下环境关键词个数；De_t 为"的"字在 t 时的搜索量。

图 2－1 和图 2－2 显示了全国公众环境关心内涵指数（$ecci_j$）和公众环境关心指数（eci）年度平均值及其增长率情况。从中可以发现，首先，中国公众环境关心指数 2016 年与 2011 年相比呈现全面下降态势，公众环境关心指数年均值下降了近 55%。具体来看，减少型环境行动关心指数、环境态度关心指数以及环境参与渠道关心指数下降幅度较大，均超过 60%；而环境政策关心指数下降幅度最小，为 24%。其次，公众环境关心各内涵指数的波动幅度差异较大。波动最大的是公众环境污染关心指数，且 2013 年出现异常升高的现象；而波动最小的是公众环境知识关心指数。另外，公众环境关心指数及其各内涵指数增长率都呈现出先上升后下降再上升的"N"字形发展态势，表明虽然整体上公众环境关心程度下滑，但到 2016 年为止这种情况有所改善。

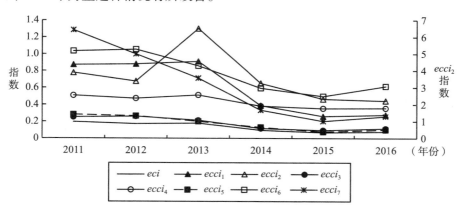

图 2－1　2011～2016 年全国公众环境关心指数年度均值

公众环境关心水平的下降似乎与我们的直观感受不符。毕竟这些年中国环境治理的力度越来越大，环境治理成效有目共睹，这些都离不开公众参与的同步推动。笔者认为，近年来公众环境关心的绝对规模是有所增加的，但随着网络空间上其他公共议题的增多，一定程度上分散了公众对环境问题的关注。这说明网络空间正成为公众参与各类社会问题治理的重要

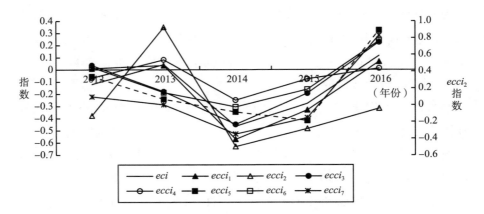

图 2 - 2　2012 ~ 2016 年全国公众环境关心指数年度均值增长率

渠道，对加强政府治理有显著影响；但同时也意味着环境问题在这一渠道上的相对关注度在下降，因而在新形势下急需促进公众参与环境治理的新办法和新途径。另外，公众环境关心水平的下降与经济增长也可能存在紧密联系。中国 GDP 增速自 2012 年起开始回落，随之所产生的经济压力在一定程度上会挤压公众对环境问题的关心，这意味着当前推进中国公众参与环境治理面临新的挑战，不容忽视。

第二，就各内涵指数变化来看，公众在环境态度和环境参与渠道关心方面下降幅度较大、在环境污染关心方面波动较大。这说明，中国公众对环境问题的关注不再仅局限于基本的态度问题，而具有更加具体和明确的指向、偏好和诉求；同时驱动中国公众环境关心的主要因素很可能是环境污染，其容易随着污染水平或严重污染事件的出现而发生波动；另外，环保社会组织在中国的发展明显不足，缺乏对组织化环境参与方式的关心也成为中国公众参与行动力较低的原因。

四、公众环境关心指数影响因素分析——以北京市为例

（一）北京市公众环境关心指数分析

图 2 - 3 和图 2 - 4 显示了北京市公众环境关心内涵指数（$ecci_j$）和公众环境关心指数（eci）年度平均值及其增长率情况。从中可见，整体而

言，各内涵指数与全国变化趋势一样，除环境污染关心指数之外，其他指数 2016 年与 2011 年相比都出现一定程度下降。具体来看，替代型环境行动关心、环境态度关心以及环境参与渠道关心指数下降幅度较大；环境政策关心下降幅度较小，而环境污染关心还出现了一定程度的上升。波动幅度最大和最小的依然是环境污染关心指数和环境知识关心指数。就增长率变化趋势来看，北京市与全国的发展态势基本一致，2016 年的情况比 2015 年有所改善。

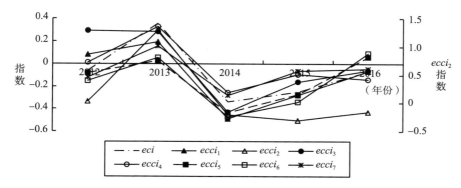

图 2 - 3　2012～2016 年北京市公众环境关心指数年度均值

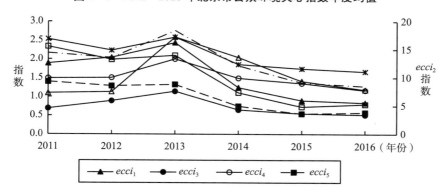

图 2 - 4　2011～2016 年北京市公众环境关心指数年度均值增长率

综合北京市以及全国公众环境关心变化的趋势来看，可以发现以下结论及启示。首先，在全国公众环境关心指数下降的大范围下，北京市公众环境关心水平也出现一定程度的下降。其次，就下降幅度以及各内涵指数的变化来看，北京市也表现出一些不同之处：一是北京市公众环境关心整体下降幅度较小，其 2016 年指数均值为 1.29，高出全国水平 0.38 的 2 倍以上；二是北京市减少型环境行动关心降幅较小，而替代型环境行动关心降幅较大。与全国情况相比，这是一个积极信号，说明北京市公众在环境行动方面出现分化，在较高内涵方面并没有大幅下降，北京市公众通过采取个体行动来参与环境治理依然具有较好的前景。

（二）公众环境关心指数影响因素分析

如前所述，公众环境关心很可能与地区经济发展和环境污染水平紧密相关。为了验证是否存在这种影响，在此将以北京市为例进行实证分析。由于公众环境关心指数为日度数据，而衡量经济发展水平的指标通常为更加低频的季度或年度数据，为了平衡这种影响，本书以月度公众环境关心指数及其各内涵指数的均值作为被解释变量。以月度工业增加值增速作为 GDP 增速的代理指标，其数据来源于北京市统计局网站。本书建立多元变量自回归移动平均（MARMA）模型如下，相关变量的描述性统计如表 2－3 所示。

表 2－3　　　　　　　　　　变量的描述性统计

变量名	定义	平均值	标准差	最大值	最小值	ADF 检验
$ecci_1$	环境态度指数	0.10	0.30	2.04	0.10	平稳
$ecci_2$	环境污染关心指数	10.44	10.68	186.85	3.15	平稳
$ecci_3$	环境知识关心指数	0.57	0.16	2.03	0.10	平稳
$ecci_4$	环境政策关心指数	1.35	0.36	4.36	0.10	平稳
$ecci_5$	环境参与渠道关心指数	0.62	0.19	2.82	0.00	平稳
$ecci_6$	替代型环境行动指数	1.76	0.51	8.46	0.67	平稳
$ecci_7$	减少型环境行动指数	0.88	0.26	1.83	0.17	平稳
eci	公众环境关心指数	1.50	0.69	11.94	0.57	平稳
IAV	工业增加值增速（％）	5.41	2.73	9.60	－2.50	平稳
$PM_{2.5}$	细颗粒物 $PM_{2.5}$ 排放指标（微克/立方米）	85.87	140.32	4126.73	6.67	平稳

$$eci_t = \alpha_1 + \alpha_2 IAV_t + u_t, \quad u_t = \varphi^{-1}(L)\theta(L)v_t \tag{2-3}$$

$$ecci_{jt} = \beta_1 + \beta_2 IAV_t + \varepsilon_t, \quad \varepsilon_t = \varphi^{-1}(L)\theta(L)\delta_t \tag{2-4}$$

其中，$\varphi^{-1}(L)$ 为 AR 过程；$\theta(L)$ 为 MA 过程。由于模型中可能存在遗漏其他重要变量导致自相关的情况，因此需要利用对残差序列建立 ARMA 模型来克服自相关。同时，该模型本质上是利用被解释变量自身的信息进行预测，如果模型拟合良好，则可以认定模型设定基本正确。

为考察公众环境关心与污染水平之间的关系，本书利用北京市 2014 年 1 月 1 日至 2016 年 9 月 30 日 24 小时 $PM_{2.5}$ 浓度均值指标作为解释变量，建立如下形式动态面板模型。$PM_{2.5}$ 数据利用爬虫技术，从北京市环境保护检测中心网站获得。

$$eci_{Mt} = \gamma_0 + \gamma_1 \ eci_{Mt-1} + \gamma_2 \ PM_{2.5Mt} + \sigma_{Mt} \qquad (2-5)$$

其中，M 为某一年 12 个月份的个体效应；t 为某一月份中 1～30 日的日期时间效应。如此设定模型的原因是考虑到公众环境关心可能存在月份上的季节效应，利用月份建立个体效应模型，可以抵消不同月份差异而造成的季节性影响。同时，考虑到公众环境关心与环境污染之间可能存在双向影响而造成的内生性问题，模型采用了两步稳健系统 GMM 估计方法。

表 2-4 是公式（2-3）和公式（2-4）的估计结果。从中可见，北京市公众环境关心整体上与经济发展水平紧密相关，表征经济发展增速的指标——工业增加值速度的上升能够显著拉动公众环境关心程度的上升。但是，就各内涵指数与经济发展水平的联系来看，公众环境态度、公众环境知识关心、公众环境参与渠道关心以及减少型环境行动关心与这一指标的联系不大，回归系数虽然为正，但都不显著；而环境污染关心、环境政策关心以及替代型环境行动关心与这一指标的联系更为紧密。实证表明所有模型的拟合优度都在 50% 以上，DW 检验和 BG 检验表明，残差不存在一阶和二阶自相关，模型设定基本正确，估计有效。

表 2-4　　　　　　　公众环境关心与经济发展关系的回归结果

变量	$ecci_1$	$ecci_2$	$ecci_3$	$ecci_4$	$ecci_5$	$ecci_6$	$ecci_7$	eci
常数项	1.20 (1.84)	6.85 *** (5.67)	0.66 *** (5.35)	1.14 *** (10.71)	0.78 *** (3.50)	1.72 *** (8.38)	-0.07 (-0.06)	1.29 ** (5.03)
IAV	0.02 (0.49)	0.99 *** (4.15)	0.01 (0.91)	0.07 *** (4.02)	0.02 (1.40)	0.07 ** (2.22)	0.04 (1.31)	0.12 *** (2.87)
R^2	0.76	0.50	0.73	0.53	0.87	0.53	0.84	0.61
DW 值	1.98	1.98	2.06	2.00	2.04	2.03	2.03	1.97
BG 检验 P 值	0.65	0.72	0.21	0.34	0.47	0.39	0.31	0.42

注：因篇幅所限，未报告 AR 项与 MA 项估计系数。括号内为 t 值，*** 为 1% 显著水平，** 为 5% 显著水平，* 为 10% 显著水平，以下同。

表 2 - 5 是公式（2 - 5）的估计结果。从中可见，北京市公众环境关心水平也受到同期 $PM_{2.5}$ 污染物浓度的影响，表现为 $PM_{2.5}$ 污染物浓度越高，公众环境关心程度越大。这表明，公众环境关心一定程度上由环境污染因素所驱动，环境污染程度能够诱发公众环境关心的上升，这从前述环境关键词日均搜索量排名上也可以窥见一斑。从时间发展来看，公众环境关心受到 $PM_{2.5}$ 影响最大的是在 2015 年，从 2014 ~ 2016 年其回归系数出现先上升后下降的趋势，然而这是否意味着公众环境关心最终能够脱离对环境污染的依赖，还需要时间上的检验。检验表明所有模型均通过了"不存在二阶序列自相关"以及"过度约束正确"的假设检验，表明 GMM 估计的工具变量是有效的，模型设定基本合理。

表 2 - 5　　　　　　　公众环境关心与环境污染关系回归结果

变量	2014 年	2015 年	2016 年
常数项	0.5098 (0.74)	0.65 ** (3.60)	0.6662 *** (4.41)
eci_{t-1}	0.5179 (1.74)	0.34 ** (2.61)	0.3785 *** (4.05)
$PM_{2.5t}$	0.0003 *** (4.73)	0.0029 ** (2.33)	0.0019 ** (2.65)
AR(2)检验 P 值	0.46	0.60	0.36
Sargan 检验 P 值	0.29	0.13	0.12

注：因篇幅所限，未报告 AR 项与 MA 项估计系数。括号内为 t 值，*** 为 1% 显著水平，** 为 5% 显著水平，* 为 10% 显著水平，以下同。

上述实证结果证实中国公众环境关心水平确实在一定程度上受到经济增速回落的影响，经济压力会挤出公众对环境问题的关注。但同时也应当注意到，经济增速换挡主要挤出的是环境污染关心、环境政策关心和替代型环境行动关心，因此在经济新常态的背景下政府依然有提升公众环境参与和环境关心的空间与机会。面临公众环境诉求不断具体化的趋势，政府尤其需要在公众环境知识关心、环境参与渠道关心以及减少型环境行动关心方面下功夫。具体来说：（1）加大环境知识的普及和相关工作的创新力度。今后除了继续加强公众环保教育工作之外，还需要在公众中普及基本环境科学知识，鼓励形式丰富的环保宣传作品创作，在相关作品带动下让生态环保价值观深入人心。（2）大力发展公民社会环保组织，不断完善相关制度建设和政策支持，提高公众组织化的参与水平。（3）在减少型环境行动方面，深入挖掘北京市获得相对优势的原因并推广至全国，以北京市为点带动全国树立起削减过度消耗和奢侈性消耗的观念。另外，环境污染水平对公众环境关心起到一定驱动作用，但是今后的工作重点应是逐步减少公众环境关心对环境污染水平的依赖，在取得较好的污染治理成效后依然使公众保持较高的环境关心水平和环境参与度，使公众环境关心成为监督污染治理的有效工具。

五、公众环境关心测度的主要结论

本节在已有文献基础上，深入剖析了公众环境关心的理论内涵，提出了环境价值观、行为后果认知、对解决环境问题的支持程度以及对解决环境问题作出贡献的意愿程度四个内涵层次，并对其包括的具体内容及其逻辑关系进行了详细阐述。利用主观选词法结合搜索量数据，划定了评价公众环境关心的关键词范围，利用百度指数和层次分析法，编制了反映公众环境关心及其各内涵层次的指标数据。利用北京市公众环境关心指数，实证分析了经济发展和环境污染对公众环境关心的影响，发现两者均对公众环境关心水平有显著的正向作用。本研究的分析及实证研究对于今后中国公众参与环境治理有如下启示。

第一，包括北京市在内的中国公众环境关心水平在近年来出现下降。虽然中国日益重视公众参与，并在法律制度上给予保障，但应当看到随着互联网发展和时代进步，越来越多的公共议题得到社会关注，提高公众环境关心和参与亟须创新的办法和途径。

第二，中国公众环境关心一定程度上受到经济发展水平的影响。在经济新常态背景下，面临公众环境关心日趋具体化的态势，中国公众参与应着力于提高公众环境知识关心、环境参与渠道关心以及减少型环境行动关心等。

第三，公众环境关心与环境污染水平密切相关，环境污染是驱动公众环境关注的原因之一。但是，为保证今后公众对于环境治理的重要作用，应借助于污染驱动带来的上升机会着力提高公众环境意识，使公众环境关心逐步摆脱对环境污染的依赖，实现公众参与与污染治理的良性互动。

第四，就北京市而言，其公众环境关心指数整体上高于全国水平，反映出北京市相对全国其他地区来说公众环境意识较高、环境参与程度较深。这启示中国公众参与工作也要注意发挥地区优势。注意深入挖掘和借鉴北京市经验，以北京为辐射带动全国其他地区公众环境关心水平的同步提高。

第二节 基于文本分析方法的公众环境诉求分析 ——以北京市为例

随着时代发展，特别是互联网技术的兴起，公众参与的渠道已不再局限于传统的来信、来访或来电等正式方式。网络空间由于其开放性、便捷性和廉价性等优势，已经日益成为公众表达诉求的主要平台和重要载体。以全国性网络问政平台——人民网"地方领导留言板"为例，其自 2006 年试运行以来，公众通过发帖表达诉求的行动迅猛发展：2008 年正式运行时仅收到公众留言 15660 条，但到 2014 年上半年时，留言量就已经达到了212985 条（孟天广和李锋，2015），并且其中有关环境问题的留言量超过30000 条（贾哲敏和于晓虹，2016）。基于上述背景，本部分以北京市为例，利用大数据背景下数据挖掘和文本分析的方法，详细考察了北京市公众环境诉求在网络问政空间，这一新的平台下的整体情况。

一、数据来源与研究方法

本书的文本数据来源于"人民网地方领导留言板""环境污染投诉网""北京市 12369 环保投诉举报咨询中心""北京 12345 社情民意"，以及"北京市政风行风热线"5 个网络问政平台，几乎涵盖了北京市公众通过网上留言进行环境投诉举报的所有渠道，因而是对网络问政平台上北京市公众环境诉求的较为完整的刻画。考虑到各平台上线的具体时间不同，为保证可比性，本书研究的时间段为 2010 年 1 月 1 日至 2017 年 12 月 31 日。

本书从上述网络问政平台，利用软件编程爬取了在研究时间段内北京市公众的所有留言数据，共获得 26541 条文本。因为本次研究的重点在于环保类议题，需要对这些数据进行预处理和分类，这可以利用机器学习下的文本分类技术。文本分类是对片段、段落或文件进行分组和归类，在使用数据挖掘分类的基础上，通过训练标记实例模型。本书文本分类的步骤是，首先对文本进行预处理；其次利用中文分词器为文本分词；再次构建词向量空间并选择权重；最后使用算法训练分类器并评价分类结果。本书使用 Python 语言进行编程，采用有监督的机器学习法，先由人工对部分数据进行编码形成练习库，再利用算法机器对已知的训练数据做统计分析从而获得规律，最后运用这些规律对剩余数据做预测分类。具体操作为：首先从 26541 条文本中随机抽取 1300 条样本，逐条人工分析内容，并按照分类标准要求归纳汇总。参考环境污染投诉网的分类标准，本研究将环境污染类型分为大气污染、电磁辐射污染、固体废物污染、生态及资源环境破坏、水污染和噪声污染六类。其次将样本中的 700 条作为训练集，剩余600 条作为测试集。最后利用 Python 对这些样本进行统计分析，并对剩余文本进行自动分类。

二、北京市公众环境诉求的特征分析

通过文本分析和分类，本部分共获得北京市公众环保类投诉留言 6171条。其中除去专门的 2 个环保类网络问政平台，在其他 3 个综合性网络问政平台——"人民网地方领导留言板""北京市 12345 社情民意"，以及"北京市政风行风热线"共获得环保类投诉 4675 条，约占这 3 个平台投诉总量的 18.7%。由此可见，在网络问政平台上，北京市公众环境关注度相对较高。按照环境污染投诉网的分类标准，本书将所有文本分为六类，并分别对每一类污染进行统计。

统计结果表明，北京市公众对各类污染形式的诉求和关注度并不一致。其中，对大气污染议题的投诉最高，为 32.4%；噪声污染次之，为

25.4%，再次为水污染和固体废物污染。为保证问政质量，防止网络成为一种恶意攻击的工具，各平台都鼓励采用实名制。但在样本中，只有1957个投诉主体表明了身份，约占总体的31.7%。这说明公众在表达环境诉求时可能还存在一些顾虑，或者说即便是在网络空间上其表达也并不完全通畅。导致各污染类型的原因有很多，为具体了解居民在哪些污染源上的诉求更高，同时也为了能提出更具针对性的建议，本书对投诉内容进行了文本分析，提炼出关键词。结果表明，电磁辐射污染、固体废物污染和水污染的主要污染源都比较集中；而大气污染和噪声污染的主要污染源则较多。

图2-5展示了不同污染类型中，北京市公众环境诉求随时间的变化趋势。由图2-5可见，在最近几年公众环境诉求整体上呈上升态势，这一方面反映了北京市公众参与环境治理的程度有所上升，另一方面也意味网络问政平台在公众中的普及程度逐渐扩大。另外，以大气污染为代表的大部分污染类型的投诉量在2013~2014年有一个急速的上升，而后又开始逐渐下降。其原因在于，2013年北京市遭遇了历史上较为严重的大气污染事故，雾霾天气较多且频发，$PM_{2.5}$曾一度突破900达到极严重的程度。与此同时，北京市在2013~2014年密集出台了多项包括治理大气污染在内的法

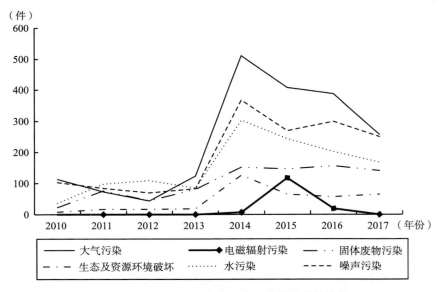

图2-5　2010~2017年北京市环境诉求变化趋势

律法规和政策措施，公众环境关注和相关诉求因此可能随着污染程度加剧而上升，在治理效果初显后又有所下降。当然，公众环境诉求究竟会受到哪些因素影响，本部分将进行更加详细的分析。

另外，北京市公众环境诉求显示了较大的空间分布差异。由图 2－6 可见，按照投诉总量的差异，北京市所辖 16 个区可以分为三类：第一类区域包含丰台区、海淀区和朝阳区，这类地区公众诉求较高，其投诉总量在1000 条左右；第二类区域包含东城区、西城区、石景山区、房山区、通州区、昌平区和大兴区；第三类地区包含密云区、怀柔区、平谷区、延庆区、顺义区和门头沟区 6 个地区，其投诉总量均在 100 条以下，是公众环境诉求较低的地区。就具体污染类型来看，丰台区除电磁辐射污染外，是各类污染投诉量都最高的地区；而密云区和怀柔区则各类污染物投诉量都较少。

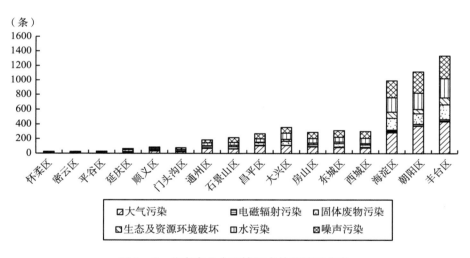

图 2－6　北京市公众环境诉求的行政区分布

三、网络问政平台上公众环境诉求影响因素的实证分析

2005 年《中共北京市委北京市人民政府关于区县功能定位及评价指标的指导意见》正式发布，依照北京城市总体规划关于"两轴—两带—多中心"和城市次区域划分的设想，遵循"优化城区、强化郊区"的原

则，将全市从总体上划分为首都功能核心区、城市功能扩展区、城市发展新区和生态涵养发展区四大功能区。通过比较发现，投诉量在 1000 条左右的 3 个区都属于城市功能扩展区，投诉量在 200 ~ 300 条的 7 个区大部分属于首都功能核心区和城市发展新区，而投诉量小于 100 条的 6 个区几乎都属于生态涵养发展区。由此可见，不同功能区的公众环境诉求程度是不同的，公众环境诉求很可能与区域发展的社会和经济特征有紧密联系。

洪大用等（2011）曾利用量表设计和问卷调查的方法，对我国公众环境关心的水平及其影响因素进行过系统性研究。他们发现公众环境关心与收入、教育、年龄和性别等因素都有显著关系。借鉴其思路，本书认为在网络问政平台上的北京市公众环境诉求亦可能受到这些因素的影响。因此，本书利用前述得到的北京市各区的公众环境诉求量，构建如下面板模型：

$$\ln EA_{it} = \alpha_0 + \alpha_1 \times \ln GDPC_{it} + \alpha_2 \times \ln EDU_{it} + \alpha_3 \times \ln POP_{it} +$$

$$\alpha_4 \times AGE_{it} + \alpha_5 \times SEX_{it} + \sum_{n=1}^{N} \alpha_{6n} \times \ln X_{it-1n} + \varepsilon_{it} \qquad (2-6)$$

其中，i 代表北京市某区，t 代表时间。EA 代表网络问政平台上的公众环境诉求量。$GDPC$ 代表人均实际 GDP 水平。EDU 代表地区教育水平，在考察省市空间差异时，这一指标通常利用"高等学校在校生人数占总人口比例"来表示。由于本研究空间考察局于城市内部，相关指标也不可得，因此我们用各区"公共图书馆总流通人次"这一指标代替。POP 代表常住人口数量。AGE 代表常住人口中 65 岁及以上人口所占比例。SEX 代表常住人口中男女比例。除了上述地区性社会和经济因素外，亦有文献认为公众诉求与地区污染水平也可能有相关关系。因此，本书利用 X 考察了地区污染水平，包括二氧化硫年均浓度值（记为 SO_2），以及生活垃圾处理量（记为 WA）等。考虑可能存在的内生性问题，本书使用了污染物排放量的滞后一阶项作为解释变量。相关数据来源于《北京区域统计年鉴》，因数据可得性，研究时间段为 2010 ~ 2016 年。所有数据的描述性统计见表 2 - 6。

表 2 - 6　　　　　　　　　　　变量定义及描述性统计

变量名	定义	样本量	均值	标准差
EA	网络问政平台上的公众环境诉求量	112	41.28	69.19
GDPC	人均实际 GDP 水平（万元），2010 年为基准	112	6.96	5.44
EDU	公共图书馆总流通人次（万人次）	112	90.83	143.51
POP	常住人口数（万人）	112	130.87	105.08
AGE	常住人口中 65 岁及以上所占比例（%）	112	0.10	0.02
SEX	常住人口中男女比例（%）	112	1.05	0.10
SO_2	二氧化硫年均浓度值（微克/立方米）	80	20.40	8.04
WA	生活垃圾无害化处理量（万吨）	112	51.71	89.06
IND	规模以上工业产值占 GDP 的比重（%）	112	1.10	0.77
ENE	单位 GDP 的能源消费总量（万吨标准煤/亿元）	112	0.63	0.43
EXP	公共预算支出（亿元）	112	597.93	4679.97

注：二氧化硫年均浓度值统计数据开始于 2012 年。

　　由表 2 - 7 可见，地区人均收入水平和常住人口数量对北京市公众环境诉求都有显著影响，回归系数在各模型中均在 5% 以上的显著水平上显著。这说明地区收入水平越高、居住人口越多，公众环境诉求就越多。这与洪大用等学者有关我国公众环境关心影响因素的结论基本一致。另外，公众环境诉求与地区污染水平也有一定关系。回归结果显示，二氧化硫年均浓度值在 1% 的水平上显著为正，说明地区二氧化硫排放量越高，公众环境诉求越多。另外，常住人口中的性别比和年龄结构的系数并不显著，说明北京市公众环境诉求受地区人口特征的影响比较小。在模型中，以"公共图书馆总流通人次"作为"教育水平"的替代变量，其回归系数也不显著，这是否是由于代理指标选取而造成的还值得进一步分析。当然，从回归系数上看，影响公众环境诉求的主要因素还是地区人口数量和收入水平，地区污染水平的影响相对较小。这说明北京市公众对环境污染的感知还处于较低水平，公众参与主要受到地区自然因素和经济条件的驱动和约束。上述模型均通过了 F 检验和豪斯曼（Hausman）检验，表明应当采用个体固定效应模型估计；并且在加入污染物解释变量之后，主要解释变量的系数显著性都没有改变，说明模型稳定性较好。

表 2 - 7　　　　　　　公众环境诉求影响因素固定面板回归结果

解释变量	lnEA	lnEA	lnEA
ln$GDPC$	2.47 ** (2.38)	12.79 *** (3.13)	13.00 *** (3.16)
lnEDU	0.01 (0.05)	0.13 (0.43)	-0.03 (-0.22)
lnPOP	5.22 *** (2.51)	16.48 *** (3.12)	16.38 *** (3.09)
AGE	9.71 (0.69)	-13.69 (-0.59)	-13.08 (-0.57)
SEX	0.25 (0.33)	0.39 (0.46)	0.29 (0.34)
lnSO_2		2.16 *** (1.75)	2.35 *** (2.86)
lnWA			0.14 (0.85)
常数项	-26.33 *** (-2.88)	-101.12 *** (-3.53)	-74.19 *** (-3.40)
R^2	0.43	0.45	0.49
F 检验	4.75	4.29	4.10
Hausman 检验 P 值	0.000	0.003	0.005
观测值	106	61	61
地区数	16	16	16

注：解释变量回归系数括号内为 t 值或 z 值。＊、＊＊、＊＊＊ 分别代表 10%、5%、1% 的显著水平。

四、公众环境诉求的研究结论与启示

本节利用大数据背景下文本分析的方法，通过构建相关计量模型，对北京市网络问政平台上公众环境诉求的特征表现、影响因素进行了详细分析，得到了以下主要结论：（1）北京市网络问政平台上的公众环境诉求近年来呈增长态势，反映了北京市公众参与程度在逐步增加，同时也表明网络问政平台正成为公众参与社会治理、表达诉求的重要渠道。（2）北京市公众环境诉求在研究期间显示了不同的议题特征和空间分布特征。就议题来说，北京市公众最为关心的环境污染类型是大气污染；而就空间分布来看，北京市公众环境诉求集中在丰台区、朝阳区、海淀区等城市功能扩展区。（3）通过对北京市公众环境诉求影响因素的计量分析来看，人口数量、经济发展水平以及环境污染程度都是影响公众环境诉求的主要因素；而年龄结构、性别和教育水平对公众环境诉求的影响并不显著。

从上述分析可以看到当前公众环境诉求的提升大多还是基于人口、经济发展和环境污染水平等因素驱动的，这将导致公众参与对环境治理的影响随着经济条件等因素的变化而产生较大波动。因此，以公众参与作为推进环境治理的稳定工具，本质上必须依靠公众环境意识水平的提升。在全社会形成一种生态环境保护、人与自然和谐相处的生态意识，就能够从根本上提升公众参与程度，从而把生态环境保护化为公众的自觉行动。从这个角度来说，一方面要加强我国环境意识形态领域的生态文明建设；另一方面要积极探索推进公众参与的机制和方法，加强网络问政平台等公众表达诉求的平台建设，推进公众发挥非正式环境约束的作用。

第三节　基于微博影响力的公众环境关注指数构建

随着信息技术产业的高速发展，毋庸置疑，当今社会已经进入一个全新的"云时代"，云计算及相关科学理论不断取得新突破，大数据已经上升为国家及社会治理的重要技术手段。公众在互联网上的一举一动，都会留下电子数据痕迹，形成一个庞大巨量的数据资料库。2017 年，习近平总书记在中共中央政治局第二次集体学习时，强调"要运用大数据提升国家治理现代化水平。要建立健全大数据辅助科学决策和社会治理的机制，推进政府管理和社会治理模式创新，实现政府决策科学化、社会治理精准化、公共服务高效化"[①]。国务院《促进大数据发展行动纲要》等文件也要

---

① 新华社. 习近平主持中共中央政治局第二次集体学习, 中国政府网（www. gov. cn），2017 – 12 – 09.

求，构建"互联网＋"绿色生态，实现生态环境数据互联互通和开放共享。如何运用大数据手段，利用巨量资料库，创新性地评价公众参与程度，从而更好地为社会环境治理提供科学参考和决策依据，是本部分研究的重点。

传播学理论认为，大众传播具有"议程设置功能"，人们关于当前大事及其重要性的认知和判断，通常来自大众传媒，大众传媒不仅是重要的信息源，而且是重要的影响源。前面已经利用百度搜索留下的搜索数据，将其编制为公众环境关心指数。但这种方法也存在一些缺陷，最为显著的就是环境关键词词库的建立。首先，环保相关关键词是海量的，并且更新换代速度极快，网络关键词的搜索量也呈现出自然增长的状态，词库要随着语言环境的变化而时刻更新是很困难的。其次，环保关键词的选取具有一定的随意性和主观性，无法进行实证检验。另外，搜索总量无法解决部分网民重复搜索的行为，并且无法对搜索之后浏览相关网页的时间量作出相应的记录和分析。最后，由于数字鸿沟的存在，不同地区和社会阶层当中互联网的普及度也存在差异，网民总体对于现实中公众总体的代表性还存在一定误差，但是会随着互联网的深入发展而逐渐缩小。

近几年来，新媒体正在以日新月异的速度发展，微博作为目前公众获取信息的主要途径之一，能够深刻影响环境保护的网络舆论导向，通过"议程设置"，让公众认知到环境问题的重要性，真正把环境保护提上议事日程，把社会注意力和社会关注引导到环境保护的方向。目前已有不少学者利用微博数据对公众诉求进行过反映。例如，樊博等（2017）将天津市的微博用户数据作为调查雾霾对公众情绪影响的样本，针对微博内容进行抽样调查分析。陈岚等（2015）基于结构方程，对政务微博的公众参与进行研究。陈先红等（2012）以200条政务机构微博博文作为样本，提取微博回复、微博内容、访客与回访等信息综合考察政务微博的传播力，然而，有关新媒体视域下的公众参与的现有文献普遍集中在政务领域，却少有学者对环境关注领域进行研究。此外，针对政务微博传播力的评价方法还存在以下不足：一是构建评价指标体系时易受主观因素影响；二是样本范围过于局限，不能反映普遍情况；三是单个因素的峰值会影响整体指标传播力。为了弥补以上不足，有学者将文献计量方法 p 指数应用于微博传播评价中，其具有高区分度和强灵敏度的优势，能够有效地平衡文章的质量与数量，且能够识别高质量的博文（王林等，2018）。但由于以上研究均针对政务微博进行研究，缺乏对公众环境关注的研究，缺少对多年份多数据的面板分析，同时也没有考虑到微博网络用户的自然增长，因此在研究方法和内容上都值得丰富与改进。本书将在已有研究的基础上，利用 p 指数，同时考虑到微博用户自然增长等因素，构建出微博公众环境关注指数。

一、研究时段及数据来源的确定

选择数据范围的依据主要是两点：一是研究全国范围内公众参与的情况，选取了我国 30 个省级行政区；二是尽可能地扩展研究时间段，由于微博自身的高级搜索功能使用爬虫软件无法获取到 2011 年及更早的相关信息，且爬取过久会触发微博软件自身设置的 IP 受限等障碍，因而本部分的研究时间段确定为 2012～2019 年。

目前，网络平台越来越成为公众参与社会治理的重要平台，一些具有代表性的政府工作网站、社交媒体已经成为舆论监督与意见反馈的重要阵地，越来越多的公众通过互联网的渠道参与到社会治理的各个领域之中。微博相较于通信类社交媒体，具有操作便捷、使用广泛，互动性与即时性比较强，开放程度高、信息传播广的基本优势。在微博平台上参与社会话题讨论、促进社会问题治理是一种公共意识的觉醒的基本反映，体现了公众参与从"旁观者""接受者"到"参与者""监督者""治理者"的角色转变。

公众环境关注可以体现为公众对于环境问题本身的关注程度与对于处理环境问题的关注程度。在新媒体横空出世的今日，公众环境关注的表达方式可以通过微博平台下的转赞评数据体现。莎尔科夫等（Scharkow et al., 2011）认为，利用网民对环境相关词库的实时搜索量确定公众关注的走势，且网络搜索数据可以有效可靠地反映公众关注。但是，仅用网络搜索数据仍存在一定局限性。一是搜索行为无法反映行动者的情感需求；二是搜索行为与传统公众参与相比，互动性差。新媒体平台的搜索量高低与推广量关系密切，对某一关键词的搜索可以决定该话题的热度，从而增加微博平台对该话题的推广。一条推文下"转发""评论""点赞"的数据，也能决定这条推文的流量，一般来说，转赞评越多的推文，流量越大，推广到的用户数量也就越多。与此同时，微博博文及评论的内容还可以反映参与者对推文的情感偏向。因此，本部分将 2012~2019 年所有带有定位省份的微博，定义为有效微博，并作为数据来源，提取不同省份用户在这 8 年期间发布的所有关于"环境治理"词条的微博，剖析其文本内容，整理发布用户的性别和粉丝数等个人信息，以及相关微博的转赞评数据。有效微博数量可以体现不同省份公众对于"环境治理"相关事件的关心程度，作为微博环境关注指数确立的依据。

按照上述设计，有效微博是指发布用户的个人资料已标注所在省份，并在我国 34 个省、自治区、直辖市范围内的微博。本部分利用爬虫软件 Python 爬取了 2012 年 1 月 1 日到 2019 年 12 月 31 日期间有关"环境治理"词条的所有有效微博，主要包括每一条微博的文本内容、转赞评数量、发布用户所在省份、是否进行认证、是否原创、是否含图片以及粉丝数等。"宽松条件"下的微博绝对数量可以反映微博相关话题的热度，因此本部分统计的微博有效数量即可反映该省份公众对于环境事件的关注程度。而微博转赞评数据则决定了微博热度和推广度的高低，即通过微博的后续传播效果体现公众对环境事件的关注。王林等（2018）认为，微博转赞评因素和粉丝互动因素在综合影响力评价中权重极高，因此环境关注影响指数可以通过上述因子有效反映。对微博原始条文进行数据处理，获得有效样本微博数量 388543 条。

进一步汇总统计 2012~2019 年每年的微博发布者数量（PU）、微博个人认证人数（PA）、微博官方认证人数（OA）、粉丝数（FA）、发布微博量（Ns）、男性人数（MEN）、女性人数（WM）、互动总情况（HD）、转发总数（Cz）、评论总数（Cp）、点赞总数（Cd）、微博原创率（OG）、含@概率（Pat）、含跳转链接率（Pt）、含图片概率（Pp），具体数据见表 2 – 8。

表 2 - 8　　　　　　　2012~2019 年微博平台样本数据

指标	2012 年	2013 年	2014 年	2015 年	2016 年	2017 年	2018 年	2019 年
微博发布者（PU）	6389	11242	10074	9724	10955	15039	31013	29328
微博个人认证（PA）	2888	4771	3491	4657	4910	8645	12663	8412
微博官方认证（OA）	7731	17087	20052	20230	33657	49242	82848	68069
粉丝影响量（FA/亿）	54.57	155.22	137.27	131.86	195.41	310.48	472.22	388.29
发布微博数（Ns）	11133	22754	24157	25380	39164	58968	113930	93057
男（MEN）	8680	17804	19195	19219	30098	46034	87642	70699
女（WM）	2451	4948	4962	6161	9066	12934	26288	22358
互动总情况（HD）	55794	271808	194209	252661	369697	734226	1259215	1304463
转发（Cz）	37332	169780	111046	90689	176918	304348	458471	390336
评论（Cp）	18255	83590	62358	61287	80241	190901	314680	269225
点赞（Cd）	207	18438	20805	100685	112538	238977	486064	644902
微博原创率（OG）	0.86	0.85	0.89	0.88	0.89	0.93	0.92	0.92
含@概率（Pat）	0.19	0.24	0.17	0.15	0.11	0.08	0.09	0.11
含跳转链接概率（Pt）	0.32	0.30	0.32	0.38	0.28	0.14	0.09	0.10
含图片概率（Pp）	0.43	0.47	0.50	0.55	0.55	0.54	0.52	0.52
微博月活账号（W/亿）	0.967	1.291	1.76	2.36	3.13	3.4	4.62	5.16

二、微博公众环境关注指数的构建

（一）P 指数的介绍

本书尝试在综合考量有效微博数量、转赞评及用户粉丝量等相关数据和各指标权重的基础上评价微博用户对于环境话题的影响力大小。由于此前普拉塔普（Prathap，2010）已对传统文献计量学中的 h 指数进行改进，提出 p 指数，用以评价 100 位学者的影响力。经证实，p 指数相较于 h 指数，具有如下优点：（1）p 指数对高质量的文献更加敏感；（2）p 指数可以很好地平衡学者所著文献的质量与数量；（3）p 指数可以甄别出具有发展潜力的学者。p 指数的构造如下，其中，C 代表文章总和被引频次，N 代表学者发表所有论文量。

$$p = (C \times C/N)^{1/3} = (C^2/N)^{1/3} \tag{2-7}$$

目前，p 指数广泛应用于各类关于期刊文献的影响力研究层面，但很少有学者运用其原理来评价微博推文的影响力，许新军（2016）证实了利用 p 指数评价期刊传播力的可行性，王林等（2018）证明了 p 指数评价微博传播力的应用效果。本书借鉴 p 指数的构建方法，对公众在微博平台发布的环境治理相关博文样本进行分析评价，构造出反映微博上公众环境关心的相关指数。

（二）指数构建

本书结合爬取数据与 h 指数的应用经验，考虑从用户发布微博的转发数、评论数和点赞数这三个指标衡量微博的影响力。本书共爬取了 388543 条与"环境治理"关键词相关的有效微博详情页以及发布用户的个人资料，在 p 指数构建方法的基础上，构建微博公众环境关注指数如下。其中，Cz 为微博的总被转发数，Cp 为总评论数，Cd 为总点赞数，Ns 为微博用户发表的所有微博量。

本书构建的基于 p 指数的公众微博环境关注指数如下：

（1）微博转发指数

$$pz = (Cz \times Cz/Ns)^{1/3} = (Cz^2/Ns)^{1/3} \qquad (2-8)$$

（2）微博评论指数

$$pp = (Cp \times Cp/Ns)^{1/3} = (Cp^2/Ns)^{1/3} \qquad (2-9)$$

（3）微博点赞指数

$$pd = (Cd \times Cd/Ns)^{1/3} = (Cd^2/Ns)^{1/3} \qquad (2-10)$$

（4）公众微博环境关注指数

微博的转发、评论、点赞均不能单独表示环境治理类微博的影响力，因此本书采用上述三种指数的算术平均值来衡量微博公众环境关注指数，从而协调指数差异的影响，得到以下微博公众环境关注指数计算公式：

$$ps = \frac{\sum p}{3} = \frac{pz + pp + pd}{3} \qquad (2-11)$$

上述公式可以反映某一条环境微博的影响力，那么计算对不同省份的环境微博公众关注指数则需将该省份用户发布的所有微博的环境关注指数加和，再规避掉网络自然增长的影响（这里用微博月活跃用户规模来代表），因此，我们得到公式（2-12）和公式（2-13）。

$$pec_{jt} = \frac{\sum_{i=1}^{n} ps_j}{W_t}, \ j = 1,2,\cdots,34 \qquad (2-12)$$

$$eci_t = \sum_{j=1}^{34} pec_{jt} \qquad (2-13)$$

其中，ps_j 是指 j 省 t 年第 i 条微博的公众环境关注指数；pec_{jt} 反映公众对第 j 个省在 t 年的微博环境关注指数，n 为 t 年 j 省的所有有效微博数，t 的范围为 2012～2019 年；W_t 为截至 t 年年末时的微博月活跃用户规模；eci_t 为 t 年全国微博公众环境关注指数，由 t 年时各省的 pec_{jt} 加总得到。笔者代入公式计算得到 2012～2019 年我国公众对 34 个省级行政单位的微博环境关注指数 pec_{jt}，如图 2-7 所示。

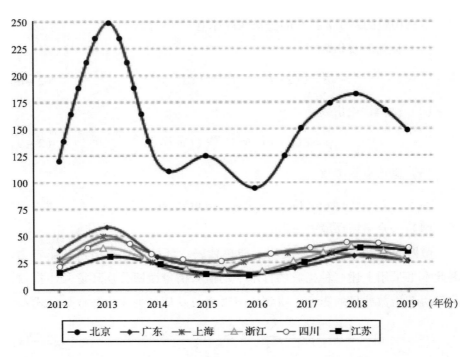

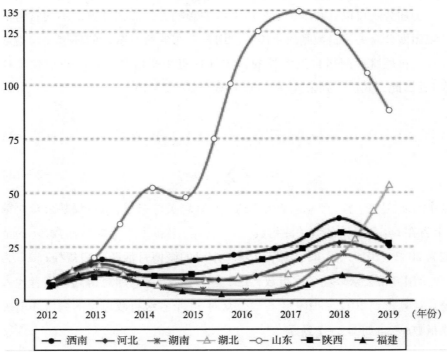

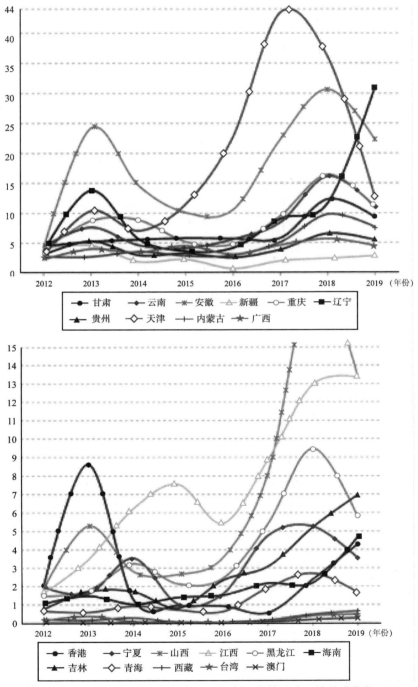

图 2-7 2012~2019 年各省（区、市）微博公众环境关注指数

（三）对于指数的进一步分析

1. 空间分析

由计算可知，*pec* 的范围为 0.00 ~ 248.73，平均值为 16.73；而 *eci* 的范围在 342.72 ~ 844.72，平均值为 568.82，可以初步看出微博公众环境关注指数个体差异大，具有较好的区分度。笔者选取 2019 年截面数据，发现微博公众环境关注指数具有较为明显的地域差异。一是西北部地区的微博公众环境关注指数普遍较低，不足 5.0；二是沿海地区展现出更高的公众关注指数，部分地区达到了 50 及以上；三是中部地区基本处于两者之间水平，但也表现出相对较高的公众关注程度，其中湖北省的环境微博公众关注指数达到了 53.49。本书按照八大经济区的定义对我国 31 个省级行政区进行分类，并加入港澳台地区，对区域内省级行政区数据进行简单加总，最后得到九个经济区域的微博公众环境关注指数，并进行可视化处理，并据此计算有关数据。

由表 2 - 9 可知，北部沿海、东部沿海以及长江流域地区的微博公众环境关注指数普遍较高，而东北、西北地区则较低，沿海地区和长江流域整体经济水平相对较高，其环境微博在公众中的影响力较大，尤其北部沿海综合经济区，微博公众环境关注指数总和及均值都达到九个区域的最高水平。但该区域内同样存在显著地区差异。例如，北京和山东的微博公众环境关注指数位列全国的第一、第二，指数均超过 85，但邻近的天津却只有 12.3254，整个经济区的标准差高达 55.20。西北部地区其环境微博在公众中的关注和影响力相对较低，这是否跟这些地区经济发展相对落后等因素相关值得进一步分析。

表 2 - 9　　　　　　　　　2019 年九大经济区域环境关注指数

九大经济区域	环境关注指数	均值	最小值	最大值	标准差
北部沿海综合经济区	267.52	66.88	12.33	147.98	55.20
长江中游综合经济区	100.17	25.04	11.26	53.49	16.92
东部沿海综合经济区	87.99	29.33	26.00	35.44	4.33
黄河中游综合经济区	72.31	18.08	7.55	26.40	7.89
大西南综合经济区	69.09	13.82	4.39	37.76	12.27

续表

九大经济区域	环境关注指数	均值	最小值	最大值	标准差
东北综合经济区	43.72	14.57	5.72	31.05	11.66
南部沿海经济区	38.61	12.87	4.69	25.60	9.13
大西北综合经济区	17.60	3.52	0.63	9.18	2.99
港澳台综合经济区	4.99	1.66	0.25	4.29	1.86

2. 对比分析

本书从数据中筛选出 2012 年和 2019 年的数据进行对比分析，见图 2-8。与 2012 年数据相比，除了广东、上海和新疆的公众环境关注指数出现下降以外，其余 31 个省级行政区的微博公众环境关注指数在 8 年间都得到了增长，且平均增长幅度较大，增幅超一倍的省级行政区占比超 2/3，湖北、吉林、江西、辽宁、山东、山西等省级行政区的微博公众环境关注指数增长超过 5 倍。这种对于环境关注程度的显著增加，原因可能有以下几个方面：

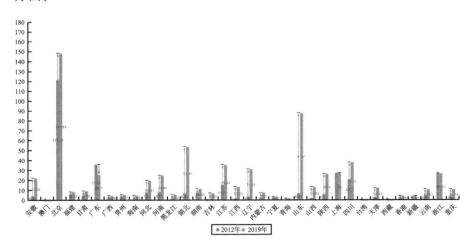

图 2-8 2012 年与 2019 年环境关注指数对比情况

一是网络空间上公众参与程度提升。随着全国上下越来越关注环保问题，公众环境意识提升，环境参与程度随之上升。当然，结合传统指标下公众环境信访量的下降可以说明，随着新技术发展和大数据时代到来，公众参与的渠道和方式更加多样化，除了在遭受严重影响时会采取信访、举报和投诉外，公众日益通过网上环境相关内容和信息的转发、评论和点赞来发表意见和诉求，通过网络空间实现更加灵活的公众参与。

二是网络普及率大幅提升。2012 年我国的互联网普及率仅为 38.3%，网民主要集中在北上广及沿海城市。在国家政策的大力扶持下，我国中西部地区的信息基础设施建设不断推进，区域内互联网普及率大幅提高，增长率超全国平均水平。第 45 次《中国互联网络发展状况统计报告》显示，截至 2020 年 3 月，我国互联网普及率增至 64.5%。网络普及水平、信息技术的发展水平与信息基础设施建设情况是确保公众在网络发表诉求、实现公众参与的基础。经济社会发展程度基本上决定了该地区信息基础设施的建设水平，随着人们生活水平的日益提高，手机支付、微信聊天成为人们日常生活中的必要需求，手机的使用极大地扩展了网络应用范围，促进了网络普及率的提升，以微博为代表的社交媒体平台的活跃用户增多，因而网络平台上公众对环境问题的关注程度增加，这为解释湖北、山东、江西等东部沿海地区的公众环境关注指数增幅明显提供了依据。

三是微博使用率的提升。作为目前中国最有影响力的社交媒体平台，微博已成为人们了解信息、关注社会热点、参与社会治理等的重要途径。据统计，微博月活跃用户已从 2012 年底的 0.97 亿户增长至 2019 年底的 5.16 亿户，增幅超过 5 倍。本书在计算 pec_{it} 及 eci_t 时排除了微博用户自然增长的影响，结果显示，人们日均使用微博的频次和发布博文的频率均显著增加，说明了人们使用微博的程度和频度均显著增加，由此带来了微博上公众环境关注度的增加。

四是微博信息传播的倾向性改变。在微博的早期发展阶段，大多热搜词条都是围绕文娱明星的热点事件，很少有关于环境治理、环境污染等话题的热搜。这是由于早期微博的盈利模式单调，可人为操控、充值的热搜也就成了重要的盈利来源之一，众多明星艺人为提高自己的曝光率，会在"热搜榜"购买高位热搜，以此获取流量。近年来国家大力规范网络秩序，治理网络生态，促进网络生态空间更加清朗。微博热搜榜中的娱乐热点占比因此不断下降，而社会热点占比越来越高，从舆论传播的引导角度来说，这种倾向性变化有助于增强环境保护、环境治理等相关话题的关注度。

3. 全国环境关注指数曲线

整理公式（2-13）中的eci_t，并绘制成指数变化折线图（见图2-9）。可以观察到，全国的微博公众环境关注指数呈现"M"形变化，大致可分为以下几个阶段。（1）积累成长期：初期微博用户增量大幅提升致使公众环境关注度提高，2012~2013年指数迅速增长；（2）回落期：2013~2014年，指数再度回到2012年左右的阶段；（3）平稳增长期：2014~2018年指数增长逐年变快；（4）相对稳定期：2019年指数产生小幅度回落。根据曲线变化趋势，不难看出2013年和2018年微博公众环境关注指数出现了两个峰值，且2018年的峰值水平高于2013年。

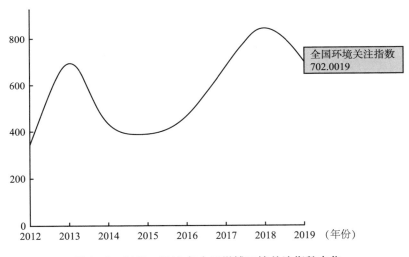

全国环境关注指数
702.0019

图2-9　2012~2019年全国微博环境关注指数变化

（四）指数的相关性检验

结合前人经验与已有数据，本部分通过分析有效微博的内容结构，选取部分与微博关注指数密切相关的指标，即粉丝数、互动总体情况、含@博文数、含图片博文数等，并将2019年作为时间截面，来研究微博环境关注指数的应用效果。

1. 粉丝数

微博获取信息的途径多样，除了主动搜索关键词相关的微博条文，用户还可以收到已关注博主更新的推文。因此，粉丝群体数量在一定程度上可以决定推文被传播的范围。将 2019 年发表过与 "环境治理" 相关博文的各省级行政区用户粉丝数加总，得到粉丝数最多的五个省级行政区为北京、山东、广东、江苏和上海，而这五个省级行政区在微博环境关注指数方面也位列前十。通过表 2 - 10 可以看到 pec 指数与粉丝数之间的相关度为 0.97，说明这两者之间正向相关性显著，回应了之前我们提出的更高的粉丝数可以带来更广泛的传播效果的设想，更多粉丝的博主发表关注环境问题的推文，能够提高公众对环境问题的关注程度。

表 2 - 10　　　　　pec 与粉丝数、互动总体情况、含@博文
和含图片博文的相关性分析

变量		粉丝数	互动总体情况	含@博文	含图片博文
pec	Pearson 相关	0.97 **	0.98 **	0.96 **	0.97 **
	Sig. （双尾）	0	0	0	0
	N	35	35	35	35

注：** 为 5% 显著水平。

2. 互动总体情况

互动总体情况即某省级行政区微博用户在 2019 年间发布的所有 "环境治理" 相关博文的转发、评论和点赞数量之和。博文的互动情况决定了其影响力大小，根据表 2 - 10 显示，pec 指数与互动总情况的相关度高达 0.983，具有高互动量的省市，其 pec 指数也对应靠前。观察表 2 - 11 可以发现，互动总体情况最好的北京市同时具有最高的 pec 指数，而互动情况位列第二的湖北省，其微博环境关注指数比互动情况排第三的山东省低近六成，其原因在于山东省当年的发博量超湖北 3 倍。

表 2 - 11　　　　　检验指数相关性数据（2019 年时间截面）

省份	粉丝量（万）	单篇互动情况	含@微博数	含图片微博数	pec
安徽	51254.02	17896	353	2587	22.08
澳门	36.18	96	9	15	0.25
北京	1860780.93	452005	981	4894	147.98
福建	27356.18	4218	149	600	8.32
甘肃	19325.22	6800	158	1118	9.18
广东	147786.58	16550	460	2438	25.60

续表

省份	粉丝量（万）	单篇互动情况	含@微博数	含图片微博数	*pec*
广西	28996.67	1841	73	521	4.39
贵州	17298.43	3496	83	701	5.37
海南	48878.16	4761	36	484	4.69
河北	72691.39	14358	294	1972	19.81
河南	124921.53	17220	258	2378	24.94
黑龙江	25463.82	3483	107	526	5.72
湖北	116305.73	231041	237	1493	53.49
湖南	29437.33	5946	135	791	11.26
吉林	53754.43	6208	71	700	6.95
江苏	146708.24	42171	464	2912	35.44
江西	23648.92	10898	129	929	13.33
辽宁	44671.53	29878	122	701	31.05
内蒙古	27234.79	3272	196	1073	7.55
宁夏	41401.93	1842	33	393	3.50
青海	7864.33	723	21	198	1.62
山东	231351.70	149317	3938	5597	87.41
山西	59928.68	7513	105	1343	13.42
陕西	106335.33	21531	422	2585	26.40
上海	137361.53	33074	280	1279	26.00
四川	113789.31	75231	568	4071	37.76
台湾	65.81	236	14	11	0.45
天津	97616.56	17044	143	1395	12.33
西藏	296.83	159	25	52	0.63
香港	20184.52	6016	14	97	4.29
新疆	6609.35	2359	51	220	2.67
云南	83847.84	4881	255	1721	10.83
浙江	49973.64	45475	266	1519	26.55
重庆	35903.58	14714	176	887	10.74

3. 微博内容元素

微博内容元素涵盖某省级行政区微博用户在 2019 年间发布的所有"环境治理"相关博文的"@"和图片，根据表 2-10 可知，微博@微博

与 *pec* 指数的相关度达 0.96，而含图片率较之更具影响力，相关度高达 0.97。观察表 2 - 11 可以发现，山东、北京、四川、江苏、广东在"@"和含图片率排名前五，而该五省相应的 *pec* 指数也排在榜首，这说明，发布环境话题博文时，适当增加图片和"@"将有利于微博传播，提高公众对微博的关注度。

熵值法下公众参与环境治理程度评价指标的构造

一、熵值法介绍

在运用多指标对个体进行综合评价时，指标被赋予的权重大小对于个体评价的最终效果具有关键影响。构建综合指标体系时的赋权方法通常包含主观赋权法和客观赋权法。前者一般指的是专家打分法或者层次分析法；而后者包括了熵值法、变异系数法、主成分分析法，以及多目标优化法等。熵值法作为一种客观赋权方法，能够一定程度上避免主观赋权所带来的随意性。其"熵"的概念最初起源于德国物理学家在 1850 年对于能量空间分布均匀程度的表示，后在信息学中用于反映不确定性程度，即不确定性越大，熵值越大，所包含的信息量也就越大。

在综合评价中，熵值法的赋权利用了"熵"在信息学中的概念，利用各个指标所包含的信息量的大小，或者说指标数值离散程度的大小来确定各个指标的权重，即指标的离散程度越大，熵值越大，指标所包含的信息越多，其在综合评价中的地位越重要。

利用熵值法确定指标权重系数的方法步骤如下。

首先，进行归一化处理，计算第 i 个个体的第 j 个评价指标 x_{ij} 的指标比重：

$$p_{ij} = \frac{x_{ij}}{\sum_{i}^{n} x_{ij}} \qquad (2-14)$$

其次，计算第 j 个指标的信息熵：

$$e_j = -\frac{1}{\ln n} \sum_{i=1}^{n} p_{ij} \ln p_{ij} \qquad (2-15)$$

最后，计算第 j 个指标的差异系数 g_j 和权重 w_j：

$$g_j = 1 - e_j \qquad (2-16)$$

$$w_j = \frac{g_j}{\sum_{j}^{m} g_j} \qquad (2-17)$$

二、公众参与程度综合评价指数的构建

按照上述熵值法构造指标权重的方法，本书对前述公众参与程度的传统数据指标和创新指标进行了融合，得到公众参与环境治理程度的综合评价指数。值得说明的是，在实际研究中，连续年份指标数据的获得存在较大限制：首先，由于公众参与渠道更加多元化，环境信访数据量指标呈下降趋势，并且公开可获得的公众环境信访量等传统指标数据缺少最新公布数据；其次，网络搜索行为数据、微博数据等都是随着互联网的发展而得以留存的，因而缺少早期数据存留；另外，本研究曾利用人民网地方政府留言板等网络问政平台上的数据进行文本分析，但在课题研究进展期间，相关网站清理了 2019 年之前的留言数据，导致该类分析缺少 2019 年之前的数据留存。鉴于此，在融合多个公众参与程度评价指标时，本研究由于缺少更多的重合年份的数据，只能将研究期间确定为最大重合年份区间：2013~2015 年。虽然本研究未能实现较长时间段内对公众参与程度的综合评价，但是随着后续年份的数据积累，本研究方法依然可以应用于对未来公众参与程度的持续监测与评价当中。各指标的描述性统计见表 2-12。

表 2-12　　　　　　　　　　　描述性统计

变量	样本量	平均值	标准差
来信总数（件）	90	0.215	0.197
来访人次（人次）	90	0.270	0.210
承办人大建议数（件）	90	0.209	0.173

续表

变量	样本量	平均值	标准差
承办政协提案数（件）	90	0.269	0.212
电话/网络投诉数（件）	90	0.171	0.183

在构建综合评价指标之前，首先利用熵值法对传统公众参与指标，即公众环境信访来信总数、来访人数、来访批次，环境领域人大建议和政协提案，以及网络和电话的投诉件数进行赋权得到公众参与程度传统指数。

由表 2 – 13 可以看出，来信总数（件），来访人次（人次），承办人大建议数（件），承办政协提案数（件），电话/网络投诉数（件）的权重分别是 0.2139、0.1735、0.1802、0.1796、0.2528，并且各项间的权重相对较为均匀，均在 0.200 附近。分析项数据与对应的权重相乘后进行累加，即为反映公众参与程度传统指数的综合得分。

表 2 – 13　　　　　　　　　熵值法计算权重结果汇总

变量	信息熵值 e	信息效用值 d	权重系数 w（%）
来信总数（件）	0.9249	0.0751	21.39
来访人次（人次）	0.9391	0.0609	17.35
承办人大建议数（件）	0.9367	0.0633	18.02
承办政协提案数（件）	0.9369	0.0631	17.96
电话/网络投诉数（件）	0.9113	0.0887	25.28

其次，本书根据前述利用网络搜索行为数据编制得到的公众环境关心指数，以及基于微博环境博文编制得到的微博公众环境关心指数，利用熵值法得到综合这两种创新方法下的公众参与程度创新指数。从表 2 – 14 可以看出：公众环境关心指数和微博公众环境关注指数的权重值分别是 0.204、0.796，各项间的权重大小有着一定的差异。数据与权重的相乘求和即为最终得到的公众参与程度创新指数。最后，利用熵值法，将公众参与环境治理程度的传统指数与创新指数融合，进行权重计算，从中可以看出：公众参与环境治理程度的传统指数与创新指数总共 2 项，它们的权重值分别是 0.425、0.575。并且各项间的权重相对较为均匀，均在 0.500 附近。

表 2 – 14　　　　利用熵值法将传统指数与创新指数融合的计算权重结果汇总

变量	信息熵值 e	信息效用值 d	权重系数 w（%）
公众环境参与程度传统指数	0.9482	0.0518	42.46
公众环境参与程度创新指数	0.9298	0.0702	57.54

三、对公众参与环境治理程度综合评价指标的分析

总的来看，各指标融合后得到的全国公众参与指数的平均值为 0.172，标准差为 0.112。2013～2015 年，全国公众参与指数的均值由 0.166 上升至 0.175，上升了 5.4%，具体来说，全国公众参与指数的平均值在由 2013 年的 0.166 上升至 2014 年的 0.176 后，在 2015 年小幅回落至 0.175。2013～2015 年，全国公众参与程度总体呈现上涨趋势。当然由于各单独评价指数能够重合的年份过短，因而研究并不能准确判断全国公众参与程度的时间变化趋势。接下来的分析主要侧重对公众参与程度的地域空间分析层面。

由表 2 – 15 可知，除西藏及港澳台地区之外的 30 个省（市、区）中，北京的公众参与指数数值最高，其三年均值为 0.443。而青海的公众参与指数数值最低，其三年均值为 0.017，北京与青海的公众参与指数相差约 26 倍，说明两地区公众参与环境治理的水平差异巨大，我国公众参与程度的地区分布并不均衡。另外，指数数值前 5 位所在地区分别为北京、广东，最大值为 0.574，后 5 位所在地区分别为青海、海南，最小值为 0.016，最大值与最小值相差超过 35 倍，说明人均收入水平较高和经济总量较大的发达地区的公众参与程度要远高于经济发展相对落后、经济总量相对较小的地区。

表 2 – 15　　　　　　　公众参与环境治理指数的描述性统计

变量	观测值	平均值	标准差	前五位值	后五位值
公众参与环境治理指数	90	0.172	0.112	0.574（2013 北京）	0.016（2013 青海）
				0.436（2015 广东）	0.017（2014 青海）
				0.409（2014 广东）	0.020（2015 青海）
				0.403（2013 广东）	0.022（2013 海南）
				0.389（2015 北京）	0.026（2015 海南）

　　分区域来看，东部地区三年来公众参与指数均值为 0.241，均值经历了由 2013 年的 0.241 下降至 2014 年的 0.240 后反弹至 2015 年的 0.243 的时期，上升幅度 0.95%；中部地区三年来公众参与指数均值为 0.165，均值由 2013 年的 0.149 上升至 2015 年的 0.174，增长 16.4%；西部地区三年来公众参与指数均值为 0.109，均值由 2013 年的 0.102 上升至 2014 年的 0.115 后小幅回落到 2015 年的 0.109，增长幅度 6.3%，与全国指数走势相同。由此可知，全国公众参与程度呈现"东高西低"态势；但东部地区和西部地区公众参与程度相对变化幅度不大，中部地区公众参与程度上升相对迅速，呈现对东部地区的追赶态势。

　　前述针对公众环境关心、公众环境诉求的分析已经得知，环境污染水平、经济发展，甚至人口数量都可能对公众参与造成影响，就本部分所得公众参与程度的地区差异来看，上述这些因素也可能是导致这些地区差异产生的原因。由于本研究所获得的公众参与环境治理指数年份时间过短，不宜利用面板数据等计量模型进行影响因素的实证检验，这也成为今后该领域值得继续关注的研究方向之一。

第三章

公众参与环境治理作用机制的理论模型

本章首先基于国内外已有文献，阐述和回顾了公众参与行为动机的理论基础和相关研究结论；接着从公众与企业、公众与政府的二元互动关系，以及公众、企业与政府之间的多元互动关系出发，构建起了相关博弈模型，为后续检验公众参与环境治理的作用机制提供了理论基础。

 ## 第一节 公众参与环境治理的多重理论源流探析与融合

虽然学术界在公众参与环境治理方面的热情持续不减，然而，由于公众参与涉及社会政治、经济、法律和文化等多个方面，目前国内外的相关研究整体上呈现出一种视角分散、研究零散和学科壁垒高筑的现状。在研究类型方面，大部分文献都侧重于进行公众参与环境治理的应用性研究。例如，在政治和法律等领域，学者们大多关注公众参与的制度建设方面，即研究如何通过制度设计保障和维护公民基本环境权、实现环境公平与正义；而在社会学和经济学等领域，学者们则更关心公众环境参与的程度评估、影响因素和作用机制等方面，在研究方法上侧重于利用问卷调查或计量模型进行实证性检验。

综观国内外相关研究，虽然该领域的应用性研究层出不穷，但有关公

众参与环境治理的基础理论研究却较匮乏。这使得相关应用性研究各自为营，从而学术研究难以对公众参与环境治理的实践产生系统性的指导。由于公众参与这一研究领域主要涉及人、制度和文化等社会科学领域最基本的核心要素，因而在其理论框架的建立方面，打破社会科学领域下众多细分学科的藩篱是必要的。基于此，本章主要从政治学、经济学和社会学等社会科学领域中与公众环境参与联系最为紧密的、较大的学科门类出发，探析公众参与环境治理的多重理论源流。借助于社会资本理论的研究视角，尝试融合公众参与的多重理论源流，并试图构建起一个系统地分析公众参与环境治理的理论框架。本章的主要内容包括：第一部分，从公共治理理论出发，阐述公众参与环境治理的主体地位及其与其他主体之间的相互关系，从而阐释公众参与环境治理的"必然性"问题；第二部分，从环境经济学和制度经济学理论出发，分析公众环境参与作为一种制度和政策工具的理论基础；第三部分，分析社会资本理论对公众环境参与的行为动机和路径实现的理论阐释；第四部分，在社会资本理论视角下对多重理论源流进行融合，并尝试构建起一个系统的理论分析框架。

一、公众参与环境治理的"必然性"：公共治理理论的观点

公共治理理论是 20 世纪 90 年代在西方发达国家兴起的新理念，标志着人类政治社会历史从"统治"到"管理"再到"治理"的转变。"治理"的内涵十分丰富，其中最为突出的特征就是其强调治理的主体是多元的。与传统的行政管理方式不同，政府不再是公共问题的唯一主体。包含公民、法人和其他社会组织在内的、与政府和市场相对应的"公众"，成为应对和解决公共事务的主体。

公共治理理论的兴起与发展，提供了"公众"作为主体参与到环境治理的过程是一种"必然"的理论基础。从实践来看，在后工业经济发展和全球化的冲击下，人类社会越来越呈现出整体性、系统性和不确定性等复杂特点，而传统的、简单的、官僚式的对社会管理的方式面临越来越严峻的挑战。传统的公共行政机制是一套存在严格等级制的、自上而下的命令系统，其公共服务供给高度垄断，专业机构和人员趋于膨胀，在解决越来

越具备全球性和复杂性特点的公共问题时，这种管理机制的"效率"和应对能力明显不足。英国国际公共管理教授奥斯本（Osborne，2006）认为，官僚机构对公共服务的垄断导致其效率低下；政府对权力的独享使得其可以忽略公众的意见；而公众意见的缺失则进一步纵容了政府的"肆意妄为"。

从理论上看，以"现代科学革命"中形成的原子结构理论、量子力学和相对论为理论前提，形成了研究系统复杂性、非线性的后现代"复杂性科学"，对注重世界简单性的经典科学范式形成了根本性挑战。"复杂性科学"下的耗散结构理论、协同学、超循环理论、突变理论、混沌理论、分形理论以及元胞自动机理论等，对有序结构和生命演化的成功解释，被推广到社会科学领域，促进了代表着复杂性思想的"治理"理念的诞生（麻宝斌，2018）。公共治理理论把复杂性思想引入行政管理理论，重视"政府失灵"问题的存在，强调利用多样化、协同互动的复杂网络机制来应对全球化和复杂性的问题。

"全球化"和"信息化"可以说是当今世界发展最为显著的两大特征。环境问题的出现，是科技进步和人类社会生产力突飞猛进的结果。在全球化的背景下，环境问题有别于其他社会问题，带有显著的整体性、复杂性和系统性等特征。也就是说，环境问题的应对和解决，必然需要"治理"理论和复杂性管理的思想。因而，环境问题不再是简单的、只涉及政府和污染源之间关系的二元问题。环境治理必然是一个存在多元利益相关者主体，并且需要实现多目标的过程。在环境治理当中，多元主体之间的关系是整体的、复杂的、系统的、网络的。从权责上来看，公众既有享受美好环境的权利，又有保护环境不受破坏的义务和责任。因而，政府和公众之间在环境治理的权责边界划分上并不清晰，政府与公众、政府与污染源、公众与污染源等利益相关方形成了一个权责界限模糊的复杂网络。它们之间的关系不再是政策制定与执行、管理与受控制、强制与受压迫之间的关系，而是在治理理论下的一种协商、互动、合作、监督的新型关系。在实践中，表现为公众参与环境治理，从参与内容到参与方式的全面化、复杂化、灵活化、动态化和多样化。

当代公共治理理论产生的必然性揭示了公众参与环境治理的"必然

性"。实际上，如果回顾一下人类社会环境运动兴起的历史和环境治理思潮的演进过程，也可以看出，从英国工业革命时期对大气污染的治理，到美国最大规模集会的"世界环境日"运动，从《21世纪议程》的发布到《巴黎气候协议》的实施，人类历史上每一次重要的环境运动，以及人类社会为解决环境问题所做出的每一次重要举措，都是在影响范围最广大的公众的推动下达成和实现的。因而，可以说，环境治理的理念和实践自诞生之日起，就天然带有"公众参与"的基因。公众参与是环境问题多中心治理的表现和必然要求，因而公众可以深入参与到环境法规政策的制定、对其他治理主体行为的监督，以及表达自身环境诉求等治理过程之中。

二、作为一种制度和政策工具的理论基础：成本有效的经济学观点

美国的环境治理实践在人类社会应对环境问题的历史进程中一直占据着重要地位，也有学者宣称真正有影响力的环境保护运动也是在美国兴起的。因而，美国的环境治理理论、政策实践等也在最大范围内影响着世界各国环境治理的进程和水平。审视美国的环境运动发展历史，可以发现，以经济学为理论基础进行环境治理的制度设计与政策实施，是美国环境治理的突出特色之一。并且，这一模式已经被大部分西方国家所认同和采用，成为发达国家环境治理模式的代名词。以经济学研究方法和基本理论为指导进行环境治理的理论，衍生出经济学研究领域一个重要的分支——环境经济学。近年来，环境经济学理论吸引了众多研究者的兴趣，在数理分析工具和定量研究方法的帮助下，该领域研究成果丰硕，已经成为环境治理领域最重要的理论方法之一。

早在美国环境运动史上著名的"赫奇赫奇山谷事件"开始，以经济学方法为指导进行环境治理的思想就在西方社会深深扎根下来。在当时的事件中，以吉福德·平肖为代表的资源保护主义取得了对资源保存主义的胜利。而这种资源保护主义中所秉承的"有效管理"原则、"为最大多数人的利益服务"原则，正是环境经济学中最为重要的思想基础。西方经济学的价值观是个人主义和功利主义的价值观，在此基础上建立的环境经济学

理论，在处理人与生态环境之间的关系时，秉承的是自然与生态中心主义相对立的、强调"最大多数人的最大利益"的人类中心主义价值观。在经济学家看来，环境问题的根源是人类社会无时不在的经济活动，既然污染来自经济社会活动，那么要求零污染就等于否定人类活动，因而在经济理论看来，零污染既是不现实也是不应当追求的。以经济学原理进行环境治理的首要原则是"效率"，或者说其首要方法是成本—收益的方法。环境治理的目标是将污染物排放降低到"有效"的水平上，而这种"有效"建立在对环境治理的收益和成本进行货币化评估的基础之上。在确认社会所能承受的"有效"污染水平之后，所有环境治理的政策工具和方法都围绕如何以最小的成本实现这种治理污染的"有效"水平。因而，我们看到在西方发达国家逐步建立了一整套基于完善市场机制下的环境治理工具，包括排污权交易机制、环境税费和补贴机制、金融支持工具等，其相比政府命令—控制式的政策而言，都可以降低环境污染治理的成本。当然，从自然资源的配置来看，环境经济学的目标也是实现最优配置，因而自然资源管理的政策工具其制定原则也与污染治理本质上是一致的。

那么，这种"成本有效"的经济学思想及理论，如何为公众参与作为一种制度和政策工具，构建起一种理论基础呢？

从制度理论来看，公众参与作为现代民主社会的一种制度创新，能够显著降低经济活动中的交易成本。科斯定理指出，当交易成本可以忽略不计时，只要产权的初始界定是清晰的，那么交易双方讨价还价的行为就能够实现资源的有效配置。这个定理奠定了制度经济学的理论基础，也同时成为排污权交易得以作为主要环境治理工具的理论基础。显然，有效的排污权交易需要建立在自由交易和产权明晰的基础之上。然而，即便是在那些拥有相对完善的市场机制和司法体系的发达国家，经济活动中的交易成本，即为实现交易或签订契约所要付出的一切费用，在现实中也不可能被忽略不计。交易成本难以降至为零，是由于交易活动中所普遍存在的不完全信息而导致的。或者说，获取信息是有成本的，并且信息在交易各方的分布是不对称的。制度经济学家诺思（North，2014）指出，"政治体系界定并实施着经济市场的产权，故而，政治市场的特征才是理解市场不完美问题的关键。……立法机关应该颁行那些能增加总和收入的法令，在其中，获益者补偿受损者的交易费用要足够低。……实现这样的交换所必需的信息与制度条件如下：一是受法案影响的各方必须拥有信息并能纠正模型，以便确知法案对他们的影响以及由此导致的获益或亏损的数目；二是结果应能传递给他们的代理人（议员），代理人也将据此忠诚地投票；三是投票将根据总和的净收益或净损失来权衡。这样，结果的净值将是确定的，受损者将得到合适的补偿；四是完成交换所需要的交易费用是足够低的。这样，双方才都认为值得进行这样交换"。诺思（2014）进一步指出，最能接近这些条件的制度结构是现代民主社会，其必须具备的两个基本条件，一是相关各方必须拥有信息和正确的模型，二是相关各方要有平等地参与决策过程的权利。

由此可见，公众参与作为现代民主社会的一种特征和要求，符合降低交易成本的制度条件。公众拥有平等地参与环境决策的权利，减少了由于委托代理所产生的信息成本问题。并且，无论是参与环境立法与监督，还是参与检举与投诉，公众参与的实现都必须建立在相关环境信息的披露和公开之上，而环境信息的披露则进一步减少了相关决策和交易中的信息成本和交易成本。这提示我们，从成本有效的治理目标来看，公众参与环境治理最关键的制度安排是促进环境信息的披露与公开。环境经济学家提坦伯格（Tietenberg，1998）也曾指出，环境信息数据对于减少污染而言，比管制规定更加有效，它是人类环境保护史上继命令控制式手段和市场化机制政策后的第三次环境治理的浪潮。另外，环境信息的披露通过影响相关利益主体的预期和支付，在博弈中改变了这些主体的经济行为，促进了集体行动的达成，从而也有利于公众参与的开展。如此一来，公众参与的实现要求环境信息披露，而环境信息披露又进一步促进了公众参与。总体来看，公众参与通过与环境信息披露这样的双向互动联系，降低了基于市场机制下环境政策的交易成本，提高了资源配置的效率。

当然，除了降低交易成本之外，实际上公众参与也能够降低环境治理的社会投入。例如，在公众监督下，污染厂商偷排漏排的行为得到抑制，可以降低政府的监管成本。又如，公众可以通过在资本市场上和消费市场上的"投票"行为，激励污染源降低排放；甚至通过环境社会实践直接减少自身的污染行为，从而减少了政府部门的环境治理支出。总体看来，公众参与环境治理通过降低交易成本和环境治理的社会投入，提高了环境治理的绩效，是"有效"环境治理的一种实现途径。

公众参与环境治理作为一种环境非正式约束（制度或规制）的形式，是使当前主流环境治理模式——即基于市场机制进行环境治理，更加"有效"的一种制度安排。环境经济学认为，环境资源具有的"公共品"和"外部性"的特点，是造成所有生态环境问题的根源。因而，清晰的产权安排是治理环境问题的关键。然而，即便是能设计出有效率的产权，由于存在"内置的抑制因素"（Dunlap，2000），或至少在交换的某些方面存在违约、逃避义务、偷盗或欺诈等行为的诱惑，其监督或实施的成本依然是高昂的。在许多情况下，环境非正式约束（制度）的存在将减轻这些抑制性因素的不良后果。原因在于，环境非正式约束（制度）能够通过改变个人用于解释周围世界并作出选择的主观心智构念，形成和促进个人和组织在交易行为中的信任关系，降低了产权安排中的监督和实施成本，进而促进了建立在产权和自由交易之上的市场机制的有效性。公众参与是环境非正式约束的一种形式和表现。首先，环境非正式约束的根源，或者说影响个人主观心智构念的因素，来自文化、习俗、惯例和意识形态等方面，它们影响和型塑着公众参与环境治理的各个方面。其次，公众参与环境治理的行动又反作用于社会环境意识、相关文化和习俗与惯例等。最后，可以说公众参与环境治理是基于产权安排和市场机制为基础进行环境治理的制度保障。

三、公众参与环境治理的行为动机与路径实现：社会资本理论的解释

（一）社会资本理论对公众参与环境治理行为动机的解释

有关社会资本的研究，是过去三四十年间全世界社会科学最红火的领域之一。但是，直到现在，有关社会资本的概念和内涵依然存在仁智互见、莫衷一是的界定。事实上，社会资本理论本身就是一个跨越政治学、社会学、经济学和管理学等学科界限的综合性理论，其理论构成中那些基本的核心要素，包括人、制度、文化、信任、关系与网络等亦是绘制整个

社会科学鸿篇巨制的关键。因而，基于不同学科观点和研究范式下对社会资本概念的解读，就必然会造成某种程度上认知不一和界限不清的状况。自1916年汉尼范（L. J. Hanifan）首次提出社会资本的概念以来，布尔迪厄（Pierre Bourdie）、科尔曼（James Coleman）、帕特南（Robert D. Putnam）、波茨（Alejandro Portes）、福山（Fukuyama）、武考克（Michael Woolcock）和林南（Lin）等都在该领域进行了一系列有影响力的研究。但一般认为，社会资本的理论框架基本上是由布尔迪厄、科尔曼和帕特南三位学者建立起来的。法国社会学家布尔迪厄（1997）将社会资本定义为一些资源的集合，它们与关系所组成的网络有关，而且这些关系是制度化的，通过集体提供给他的每一个成员。由此可见，布尔迪厄对社会资本的定义强调其社会网络和资源性的特征。美国社会学家科尔曼（1999）在布尔迪厄社会网络的视角之上，提出了对社会资本更为广泛的理解。他依据理性选择范式，认为社会资本是由构成社会结构的各个要素所组成的，它们为结构内部的个人行动提供了便利。由此，科尔曼用社会资本的概念解释了个体和集体行动的动机和差异。与上述两位学者不同，帕特南（2001）对社会资本的理解则更倾向于宏观层面，他将社会资本和民主社会联系在一起，指出社会资本是社会组织的某种特征，例如，信任、规范和网络，它们有助于人们为了共同的利益进行协调和合作。在帕特南看来，社会资本是集体而并非只是个体所拥有的便利和资源，其在宏观层面上对社会治理和经济发展都具备重要影响。

虽然学术界至今没有给出社会资本清晰而统一的界定，但从上述三位学者的定义可以看出，无论从何种角度界定，社会资本都与公众参与存在紧密的联系。首先，从布尔迪厄和科尔曼对社会资本的定义可以看出，社会资本理论的提出为个体参与活动和集体行动的达成提供了理性选择的动机和理论基础。科尔曼认为，信任的来源是理性选择理论的核心问题。信任是一种社会资本，可以减少监督与惩罚的成本，信任的双方都是理性的，信任是制约"搭便车"的冷酷的工具，两个个体之间建立的有待偿还的义务关系构成了他们之间的联系纽带，这种关系作为一种资源，人们需要时可以使用它，这解释了社会资本依据理性行为形成的原因。社会资本可以被视为公众参与环境治理的动力，即个人或组织通过参与行动可以创造社会资本，这是一种理性行为，或者说是有利可图的。

另外，以法人团体和社会组织的形式参与环境治理，也是公众参与环境治理的重要形式。集团间的信任关系，在环境治理中能够形成较广泛的社会组织参与。这可以从两方面加以理解：一是如同曼瑟尔·奥尔森（2014）在《集体行动的逻辑》中对利益集团的分析所言，环境治理中社会组织的形成在于该类组织为个体提供了某种不可分的、普遍的利益，他们形成了一个利益集团，其动力在于对某种共同利益目标的追求；二是由于社会组织之间存在互惠的信任关系，这促进了各类社会组织都可以参与到环境治理当中，环境治理存在广泛的社会组织参与基础。根据这一理论，不难解释为何环境治理实践中可以频繁看到国际组织、国内组织、民权组织、法律组织、智库组织、专业化组织，以及公益性组织等环保类或非环保类组织积极参与的身影。

与布尔迪厄和科尔曼不同，帕特南对于社会资本进行研究的目的，深受 19 世纪法国学者托克维尔（Tocqueivlle）的影响。在旅美期间，美国高度活跃的公民社会给托克维尔留下了深刻印象。他在《论美国的民主》一书中指出，公民政治参与的自由正是实现民主社会、推动人类文明前进的关键。帕特南非常认同公民社会对于评价民主制度的作用，当他敏锐地觉察到美国公民参与的热情正在下降，社区生活正在走向某种程度的衰落之时，他将此视为美国社会资本的流失。帕特南（2018）的代表作之一《独自打保龄球》（Bowling Alone）中就详细地揭示了美国社会发生的这一变化。在这部著作中，帕特南利用大量的经验资料和数据分析，全面评估了 20 世纪美国社会的政治参与、公民参与、宗教参与、工作联系、社会联系、志愿活动和慈善活动等的变化趋势，得到过去三十年间美国的公民参与和社会资本出现了显著下降的结论。显然，公民参与（civic engagement）[①] 在概念上并不等同于社会资本，但是在帕特南的研究中，公民参与程度的下降被直接视为了社会资本的下降。如此，就不难理解为何后来

[①] 严格来说，公民参与和公众参与是有区别的。公民是具有一国国籍，并根据该国法律规定享有权利和承担义务的人，属于法律概念；而公众是与公共主体有利益关系并相互影响的组织、群体或个人，属于社会学概念。但目前研究一般将公民参与等同于公众参与，例如，将公众参与定义为"公民试图影响公共政策和公共生活的一切活动"。本研究因而也未做区别。

许多学者将公民参与和社会资本混为一谈，并且诸多有关社会资本定量测度的文献，直接使用了公民组织数量、组织成员人数或组织决策过程的参与程度等衡量公众参与程度的指标，作为社会资本的指示指标。

施耐德（Schneider，2008）曾指出，社会资本并非总是能够促进公民参与，社会资本的许多功能也是独立于公民参与的。但是，目前学术界有关社会资本和公民参与相关关系的文献大多支持社会资本的正向影响。例如，雷克等（Lake et al.，1998）通过实证分析发现，社会资本的产生鼓励公民通过参与更广泛的传统政治活动而更多地参与政治。霍默里奇（Hommerich，2015）以日本为例，实证检验了社会脱节对公民参与产生的负面影响，认为降低公民参与的不单纯只是社会经济的不稳定，还包括社会网络质量、社会归属和社会价值的主观评价等影响社会资本的负面因素。科林斯等（Collins et al.，2016）检验了社会资本与集体效能，即居民对影响其生活的问题采取协调和相互依存行动的集体感知能力之间的联系，发现社会资本促进了集体效能。沃伦等（Warren et al.，2014）则利用基于 Facebook 上的用户数据，发现社会资本的三个维度，即社会互动关系、信任、共享语言和愿景等，会显著影响公民在线的政治参与。

（二）社会资本理论对公众参与环境治理路径实现的解释

当前社会资本理论在布尔迪厄、科尔曼和帕特南等学者的带领下，形成了泾渭分明的两个分支，即以个人为中心（微观）的研究取向和以社会为中心（宏观）的研究取向。前者将社会资本视为个体在嵌入社会结构网络中所获取的特定资源，这为微观主体的环境治理行动提供了理性动机。而后者将社会资本视为一个群体、社区甚至整个社会所拥有的资源和财富，这意味着对社会资本的研究需要嵌入到更为宏观的社会制度的背景中。

福特·布朗（2000）认为，社会资本理论的宏观层面集中于讨论政治、经济和文化等宏观社会制度与社会资本网络之间的相互因果关系。他认为宏观社会制度有可能决定社会资本网络有如下几个方面：（1）决定网络有效资源的种类和数量；（2）通过影响谁，并塑造与谁的联系，而构建起网络；（3）对交易进行立法，并调控交易的实施；（4）针对违背制度的行为建立和实施交易；（5）描述和调整网络的社会状况；（6）建立和推动网络交易；（7）建立和调整不同网络间的竞争。

由于社会宏观制度能够影响社会网络的具体结构和微观联系，并调整控制微观交易，因而，对公众参与环境治理的参与程度、参与方式、参与内容以及参与质量等从微观到中观的全部分析，都应当嵌入在具体的政治、经济和文化等制度环境中。宏观社会资本理论的出现为公众参与环境治理的路径实现提供了理论基础和研究框架。

公众参与嵌入社会制度环境中的路径依赖性，具有如下重要启示。

首先，理解一个国家或地区公众参与环境治理的现状，或试图改变这一现状的任何努力，都不能离开对这个国家或地区的宏观社会制度的审视、理解和改变。分析公众参与环境治理的内在机理，以及存在的因果关系等问题，需要在一个从最高层面的制度形成——国家，到社会制度的具体领域——政治、经济、文化等方面的框架中来展开。

在国家与社会二元化的视角中，存在洛克式的"社会先于国家或外在于国家"的架构，即认为社会决定国家，社会创造了国家，国家对社会只限于工具性的作用；也存在潘恩式的认为国家和社会之间的关系是此消彼长的，即社会越完善，对国家需求越小；还存在以托克维尔和哈贝马斯为代表的，社会制衡国家的观点，即通过高度发达和活跃的社会组织实现对国家进行监督和制衡的作用；另外，也存在以黑格尔为代表的"国家高于社会"，以及以施密特为代表的"国家与社会合作互补"的观点（李兵华和朱德米，2020）。国家与社会是近代伴随着资本主义的发展而产生的。因而，国家与社会分离的视角是理解当代西方资本主义国家市民社会，以及公众参与路径发展的思想基础。

洛克作为最早进行国家与社会划分的思想家之一，认为自然状态没有善恶，自然状态有自然法，在自然状态中，不存在国家权力，人们依据自然法而享受自然权利，政治社会存在的基础是个人让渡权力，因此个人优先于社会，也优先于国家。洛克的自然法派学说，对启蒙运动、美国独立战争、法国大革命以及西方政治制度产生了深远影响。其"天赋人权"的思想奠定了"人权"理论的思想基础，影响了众多如孟德斯鸠、卢梭、潘恩和杰弗逊等对人权推崇的思想家，并通过写入资本主义国家宪法而使人权理论进一步规范化和系统化。这种包含"平等权、自由权、生命权、财产权"的古典人权理论，在环境问题日益突出之后，衍生出公民环境权理论，成为在西方社会公众有权参与环境治理的思想渊源。

洛克与卢梭、潘恩、哈贝马斯等思想家，都是支持"强社会"的代表，即都鼓励、支持和倡导公众进行政治参与和社会治理，鼓励、支持和倡导发达和活跃的社会组织等。因而，在这一类理论思想下，公众参与环境治理应当是一种积极的、有利的、制衡的参与。而在霍布斯、黑格尔等"国家高于社会"的论断中，则可以总结出对于公众参与的两种理论观点：一是对于公众参与社会治理的限制性观点，即类似新保守主义和精英主义所秉持的有限参与或限制参与的观点。例如，伯纳姆在其"管理革命"理论中提出了"专家治国"论，认为普通公众对政治的参与仅限于工会、职业的专门团体以及合作社的范围内；亨廷顿（1989）在《民主的危机》中指出，"今天，在美国有关统治的一些问题正是因为民主过剩而引起的"，"民主在很大程度上需要节制"，因而需要对个体或团体在政治参与方面进行某种程度的限制。二是强调国家对公众或社会的渗透以及影响的意义，即肯定国家对于社会形成、公民意识、公众参与的建设意义，强调在公众参与治理中的国家力量或"自上而下"的影响。

其次，公众参与嵌入到社会制度环境中的路径依赖性，启示我们由于社会制度不同，西方社会和我国针对公众参与环境治理的理论和实践也应当和必然有所不同。例如，政治机会结构对社会资本影响的理论认为，集体行动受制于政治体制对于集体行动的开放程度。这种理论是基于西方政治社会的背景而产生的，是"一种以国家多党竞争政治为平台的，不同利益群体通过互动和博弈形成一系列的制度性产出，从而影响社会运动和集体行动的效果和进程"（亨廷顿，1989）。而我国的社会组织，仍然是一种从上至下的组织体系，其应当不同于西方中的"平面化"互动，我国社会组织的机会结构产生于"上位需求"的满足。

四、社会资本理论视角下对公众参与环境治理多重理论源流的融合

由前述分析可见，社会资本与公众参与存在紧密联系：社会资本理

论为公众参与的行动提供了理性动机，并解释了公众参与在社会制度背景下的路径依赖性。虽然，社会资本理论的内涵在批评家看来显得过于"丰富"，甚至有"试图以太少的理论来解释太多的现象的风险"（亨廷顿，1989）。然而，也正是由于该理论多维度、跨领域和广外延等特点，使得对于公众参与环境治理的多重理论源流可以在社会资本理论的视角下进行深度融合，从而建立起一个较为系统的研究公众参与环境治理的理论框架。

（一）在理性选择范式下对多重理论源流的融合

借助于理性选择范式，社会资本理论可以将有关公众参与环境治理的多重理论源流进行广泛融合。"理性人"假设，是所有主流经济学的立论基础，也是经济学得以借助于博弈论这样规范的数学学科迅速发展的原因。在经济学理论框架中，公众参与环境治理是一种符合成本有效的制度安排和政策工具，这解释了公众参与环境治理在宏观层面上成为"理性选择"的一种必然性，或者说，其作为实现成本有效目标的一种功能性。

科尔曼，作为社会资本理论研究领域最具影响力的学者之一，同样也是将理性选择范式应用于社会学研究的代表人物。科尔曼认为，社会学中的理性选择理论解释的是社会系统的行为，而非个体的行为；其要求依据系统中行动者的行为来解释社会系统的行为，即要求有社会系统行为层次和个体行动者行为层次之间的转换理论，并且要有有关个体行动动机的心理学理论或模型。从这个角度来说，社会资本理论通过理性选择范式将公众参与环境治理的宏观层面与微观层面联结起来，形成了一个系统的理论框架。在微观层面，社会资本理论从公民个体和组织的理性选择行动出发，阐述了公众参与环境治理的理性动机；在宏观层面，其目标是揭示了基于理性选择的个体行动最终产生了何种社会后果，这与上述经济学对于公众参与环境治理的研究目标和研究范式是统一且可以融合的。

另外，在理性选择范式下，社会资本理论融合了公共治理理论中的治理主体多元化，以及各主体之间权责界限趋于模糊，构成交互影响的复杂网络关系等理论观点，并为之提供了更进一步的理论解释。社会资本理论强调特定网络的结构化，该网络中的自我之间联系的定型，以及资源因其特殊结构而通过该网络流动的方式。科尔曼曾描述了一种两两建立联系的、闭合的社会网络关系。但是，当其中某些联系被切断时，那些占据未联结点之间的结构位置——伯特称之为"结构洞"（structural holes），就相对拥有直接获取资源的特殊优势。因而，结构洞的存在解释了为何存在非重复的社会网络，这种非重复意味着可以获取新信息，以及获取非重复资源。在应对和解决环境问题中，应当将公众、政府、市场、企业等多元利益主体视为存在复杂网络关系的系统。因为，这种复杂网络关系的存在是各方的理性选择行为，即追求特定资源最大化的结果。并且，为了增加这种网络关系的社会资本，非重复的网络要求各方权责划分并不清晰。或者说，清晰的权责结构关系，类似于一种重复、闭合的网络，其不会增加社会资本，从而不会促进环境治理的成功实现。另外，从结构洞的角度来说，公众在环境治理多方主体形成的网络体系中，最有可能占据最多的结构洞的位置。因而，公众在环境治理中拥有获取新信息和非重复资源的特殊优势，其在环境治理中是不可替代的重要主体。

（二）一个从微观到宏观双向影响的理论框架的建立

借助于社会资本理论从微观到宏观再到微观的研究视角，公众参与环境治理的多重理论源流可以统一到一个从微观到宏观双向影响的理论框架中。在微观层面，公众参与环境治理理论借助于理性选择范式及最优化方法，主要构建起一套用于解析公众参与环境治理的行为动机，以及各个治理主体之间复杂关系的理论模型。通过微观到宏观的影响，公众参与理论主要解释微观个体采取的行动所导致的社会性后果。此类理论大体可以分为解释性研究和规范性研究两类。从解释性研究来看，公众环境参与理论致力于：一是在理论和经验上检验公众参与环境治理是否产生了对应包括环境治理、政治体系、经济制度和文化建设等在内的宏观社会影响；二是采用合理方法评价公众参与环境治理的程度和现状等。就规范性研究而言，公众环境参与理论主要探讨应当通过什么样的机制设计，使公众参与环境治理作为一种制度和政策工具，实现其成本有效的功能和目的。

另外，在从宏观到微观的研究视角下，公众参与理论主要从社会制度出发，考察公众参与的影响因素及其作用机制。借助于宏观社会资本理论，公众参与环境治理的理论研究应当嵌入在具体的社会制度环境中。具体来说，这些理论可以归纳为：一是从国家与社会关系的讨论出发，探讨国家对公众参与"自上而下"的影响、公众参与的权利构造，以及相关法律规范等问题。二是从政治、经济、文化等社会制度的具体领域出发，分析公众参与的影响因素，以及改变或培养公众参与的制度途径。这一领域融合了制度学派和宏观社会资本理论的观点，考察了包括契约、司法、市场机制等在内的正式制度，以及包括规范、信任、价值观、习俗等在内的非正式制度对公众参与的影响；并从国家制度差异的角度出发，探讨适宜国情的公众参与制度建设。

　　总之，公众参与环境治理的理论源流众多。本书在梳理公共治理理论、环境经济学与制度经济学理论及社会资本理论之后，希望借助于社会资本理论丰富的内涵、所采用的理性选择范式，以及从微观到宏观双向影响的研究视角，将有关公众参与环境治理的多重理论源流进行交叉与融合，试图构建起一个较为系统的分析公众参与环境治理的理论框架。当然，这一理论融合的尝试只是初步的，今后在这一领域需要更加深入、全面而细致的工作。但无论如何，我们在这一领域的研究，应当重视系统而强大的理论构建，只有这样才能切实指导公众参与的实践。

第二节　公众参与行为动机的理论机制

一、个体行为动机的理论基础

　　基于个人层次，公众参与环境治理的行为动机主要受到主观意愿和客观因素的影响。其中，前者主要指的是公众的情绪价值和心理感知等方面。一般而言，在讨论这一层面的问题时，不要求公众是绝对理性的经济人，但会假设其为有限理性。对于后者来说，客观因素主要包括个体参与的损益程度，以及是否具有便捷的参与方式等。相较于主观意愿，客观因素并不由公众决定，其广泛受到造成环境问题的主体、政府规制的政策与策略，以及技术进步等条件的影响。

（一）主观意愿

我们将考虑个体参与的主观意愿方面。众所周知，环境问题不同于一般社会公共问题，其治理过程和效果相对缓慢和滞后，而且因为其公共品属性、产权不明晰、影响泛化，以及环境权责分配不匹配、不均衡等特点，集体行动很难避免搭便车的困境。因此，对于个体而言，环境参与是否可以实现个体绝对理性的"利己"，存在一定程度的不确定性。这也就意味着，公众进行环境参与，一定存在"利他"的非绝对理性的影响，而这些影响可以归纳为情绪价值以及心理感知等方面。

已有文献表明，如果公众可以在环境参与的过程中收获情绪层面的效用，情绪机制将有助于激励公众进行环境参与。虽然情绪的表现个体化差异较大，但如果部分情绪和非绝对理性的利他行为能够广泛、重复地出现，情绪机制就具有了意义。另外，也有许多研究发现，个体对不公平的感知会促进集体行动的达成。泰勒（Taylor，1988）探究的"Ultimatum Game"说明个体在博弈中对不公平的感知会影响其决策。其发现虽然无论提议公平与否，如果只要参与人接受提议就可以获利的话，绝对理性的参与人应当接受提议，但是参与人在实验中往往会倾向拒绝不公平的提议，使双方都无法获利。

心理学研究中的相对剥夺理论指出，当公众注意到他人获得不公平的相对优势，以至于自己处于相对劣势的情况下，会感知到愤怒等负面情绪，而这会促进集体行动的达成。由于环境资源和环境污染问题的权责分担往往不匹配，环境影响在不同区域、不同群体以及当代人和后代人之间存在极大的分配不公的现象。此时，受环境影响中的个体极易产生相对剥夺的心理感知。因而，负面情绪将促使公众作出反抗和惩罚不公的行为决策。史密斯和凯斯勒（Smith and Kessler，2004）认为愤怒与人们对不公正的主观感知，以及做出反抗行为有着密切的联系。有研究证明，为了实行这种反抗行为，人们可能不惜损失个人利益。使公众间的合作更加成为可能。

此外，愤怒情绪还可以产生利他惩罚。吴燕等（2011）的研究表明，人们的大规模集体合作可以通过对"背叛"行为的惩罚进行维系，使"背叛"成本提高以至于人们难以轻易进行此种行为，并且很多人拥有承担惩罚"背叛者"背叛行为成本的意愿。他们通过考察被测试者在博弈实验中"利他惩罚的结果"和"不惩罚结果"的脑电波成分，发现被测试者产生了明显的反馈相关负波，认为对他人受到惩罚的预期是一种极为强烈的情绪，很可能在这种预期的支配下，达到利他惩罚的行为结果。

利他惩罚得到了生物学基础，这使得利他惩罚的行为具有稳定性和可复制性，并不因个体差异而仅发生在个例之中。因此利他惩罚的行为可稳定、持续地在公众参与的过程中出现。利他惩罚可能出现的情况包括第二方惩罚和第三方惩罚①。第二方惩罚基于个人愤怒情绪而生，而第三方惩罚较前者更加理智，是出于道德性愤怒情绪（谢婷，2013）。目前存在两种观点：一种是拒绝反应的出现以及由分配不公引起的负性情绪都被认为与不公平感脑网络里的前脑岛（anterior insula，AI）密切相关；另一种认为 AI 与违背公平准则行为的测量和反应相联系。个体维护社会公平的行为受到了利他惩罚行为和神经实验研究的有力证明。前脑岛、前扣带皮层、腹内侧前额叶、杏仁核、纹状体以及背外侧前额叶等脑区，在众多利他惩罚决策相关神经机制的研究中都被证实会产生举足轻重的作用（胡修齐和刘映杰，2021）。

由此，从广义上来看，情绪机制依然具有经济价值：我们可以把利他主义描述和模型化为个人的"相互依存的"效用函数中的一个主观"偏好"，具体地说，把利他主义纳入个人的效用函数之中，以此扩充个人的"自私偏好"，从而使其他人的效用（福利）成为个人满足的一个新增的源泉（杨春学，2001）。这意味着，这种情绪并不违背广义上"理性经济人"的假设，人们以"利己"作为唯一的目的，但可能通过"利他"的方式来达成这一目的，"利己"与"利他"行为不是割裂的。在损害个人利益的情况下作出"利他"的决策，看似不理性，却可能得到情绪方面的收益。这也使公众间的合作更加成为可能。

---

① 笔者认为，此处"第三方"可视作在企业与公众博弈中起到监督作用的政府，也可视作在政府监管与企业污染之中进行舆论监督的公众。

情绪机制在集体当中得以存在并发展，是集体中的每个个体都参与合作造成的结果。当集体行动中的不公平被谴责和惩罚、人们成功地与他人进行合作时，会增强公众对集体行动的认可，加强人们的信念。人们对于所处集体的认同感更高，也可能激励更进一步的集体合作。这种集体认同感是一种积极情绪。拉宾（Rabin，1993）曾经提出积极情绪在人们的决策中起到广泛的作用。福格斯（Forgas，1995）提出了情绪浸入模型（Affect Infusion Model），认为情绪对认知的加工起到了重要的作用。对此，勒讷和凯尔特钠（Lerner and Keltner，2000）进一步研究了评估倾向方法对特定情绪影响选择和判断的方式。这也是以情感为中心的集体行动过程。

情绪机制还体现在权利的实现方面。随着公众的自我意识逐渐觉醒，人们对社会提出了自我权利的要求。这种民意在政府和制度方面得到了体现（孙施文和殷悦，2004）。环境权论者提出"环境权是随着现代科学技术特别是化学技术的发展，环境遭到巨大破坏，在人们的生命健康受到严重威胁，财产权和人身权的实现遇到挑战时产生的"（李艳芳，1994）。所有权意识也是公众参与环境治理的重要前提之一。只有以环境治理为己任，培养环境治理意识，积极参与环境治理的事前、事中和事后环节，公众的声音才能有更多的机会体现在环境治理的成果中。公众参与环境治理，实则也是一种权利的实现。

（二）客观因素

讨论公众个体参与环境治理动机的客观因素。这里主要分析的是公众个人参与环境治理所获得的收益和成本，以及是否存在便捷的参与途径等问题。

显而易见，参与环境治理可能带来环境情况改善，和成功维护自身权益所带来的直接收益。由于污染问题与每一位公民都是息息相关的，涉及所有人的切身利益，再考虑到环境治理的复杂性、环境资源的公共性、环境保护成果的共享性（张国兴等，2019）。此时公众不参与环境治理的机会成本过大。而长久或急剧的环境问题会使得公众对环境治理结果的预期有所下降，此时微小的转机也将带来极大的效用，公众更有意愿参与到环境治理中来。从成本的角度来看，随着技术发展，公众参与环境治理的成本在不断降低。技术的革新使得原先以环境来信、检举、控告等对传统公众参与环境治理的方式被取代。与此同时，信息的传递与信息的加工都更为便捷，个体可能得到关于他人可能采取的所有行为的完整信息。并且当有限理性的个体随着时间的推移进行互动时，可以合理地假设他们对自己可以采取的行动以及他人可能采取的行动了解得更准确（Elinor Ostrom，2010）。特别是在大数据时代，公众参与环境治理拥有了大量实时而精准的数据，降低了公众搜集必要的信息所带来的成本。政府决策治理机制的社会化，也让话语权进一步下放到公众的手中，将公众参与环境治理带来的影响进一步扩大。有效地使公众的环境参与更加合法合规，参与渠道被拓宽，公众的社会创造力被激发。随着大数据时代的到来，使公众充分参与到环境治理等公共问题，对产生负面影响的企业起到舆论监督，或以抵制购买等方式进行惩治；对产生积极影响的企业增加其认可度，并最终体现在购买量等各个方面。这两点都可以有效地加强环境参与的效果。

在所需要付出的成本日益减少、机会成本增加、收益逐渐增大的情况下，笔者有理由相信公众会因为上述直接收益和间接受益而进行到环境参与之中，监督政府与企业的环境信息公开、对于发生污染等"背叛"行为的企业进行惩罚。

二、公众组织层次参与行为动机

公众作为独立、分散的个体，在成为集体进行合作的过程中相应面临着问题，其核心问题在于信任。在环境参与中公众必须进行合作，否则其个人能起到的作用微乎其微。然而在此博弈之中，他人的承诺与威胁是不可置信的。不信任则可能产生诸如"搭便车"效应的问题。在公众环境参与的背景下，环境参与所带来的收益对所有人都是一致的，无法形成选择性激励机制，由于众多参与人责任分配不平均，付出的成本不一，则必然产生"搭便车"效应或陷入集体行动困境。即每个参与人都等待他人进行付出，而自己却期待不劳而获，且"搭便车"效应会随着集体成员数量的增加而加剧，因为随着集体成员数量的增加，在既得收益不发生变化的前提下，平均到每个参与人的收益将会降低。相应地，每个参与人平均所需承担的义务也会下降，且会因为责任不明确，参与人之间的相互监督力度减弱。当群体成员数量增加时，把该群体成员组织起来参加一个集体行动的成本会大大提高。也就是说，大群体需要付出更大的代价才能发起一场集体行动。因此，在一个大群体中，虽然每一个人都想获取一个公共物品，但每个人都不想因此而付出代价，这就是搭便车困境，在此情况下，合作是无效的，进行环境参与的公众越多，越会陷入更艰难的集体行动困境（赵鼎新，2006）。

对此，奥斯特罗姆（Ostrom）关于公共政策和公共物品的实验表明，传统集体行动理论的许多预测并不成立，合作的发生比预期更多。同时，仅仅允许交流或"廉价谈判"，就能让参与者减少过度收益，增加与博弈论预测相反的联合收益，并作为对哈丁（Hardin）公地悲剧和奥尔森（Olson）集体行动困境的反驳而提出了多中心治理理论（polycentric governance），认为在多中心治理体系下，其有效性甚至高于单一的政府组织。在关于公众参与问题的讨论中，带来了于公众层面构建多中心治理体系以在单一政府组织的背景下达到更优的启示。

多中心治理体系的应用也顺应了当下大数据时代社会的发展，可有效地促进信息的进一步公开、权力中心的相互监督与制衡。大数据时代要对数据进行治理，而非管理，避免出现数据的独享、集中和单向性。充分体现了社会开放性、权力多中心和双向互动特性。

第一，在多中心治理理论中，本书并不对参与的主体进行严格的理性经济人假设，而认为他们具有有限理性。这更为符合现实中公众的实际情况，参与人在相对理性分析的前提下，会受到环境因素或他人的行为的干扰，也会因为自身情绪的变化而改变自己的选择。最终他们作出的选择可能并不能达到最优，但都将达到"效用最大化"的结果。研究发现人们并不总是作出利己的选择证明了这一点。生物学家在对于生物有机体进化研究中发现，"竞争进化"与"合作进化"两种不同的进化路线，并认为"合作"，是一种"利他"现象。另有观点认为利他主义和合作有不同的动机。利他主义，至少在人类中是有意为之时，是由改善他人福利的愿望驱动的，而合作可能（仅）是由帮助自己的愿望驱动的（Roemer，2015）。

第二，"多中心"指设立多个权力和决策中心以治理公共事务，这些中心彼此相互独立，允许独立运作或形成相互依存，构成竞争关系，在多中心治理理论下，强调权力的分散而反对集权与垄断。这与传统意义上马克思·韦伯的层级官僚制理论大相径庭。其体系以自主治理为基础，强调自发秩序和自主治理的基础性和重要性（王兴伦，2005）。但在某种程度上，这些分散的中心考虑到彼此的竞争关系，需要进行合作或诉诸中央机制来解决冲突，这格外符合当下公众参与环境治理的背景，合作与竞争可提高多中心治理的效率，且可有效推动社会主义市场经济的健康发展。此外，在多中心治理体系下，不同的政府单位拥有差异化的权力。可粗略将其分为一般性权力和特殊性权力。政府单位的多样化功能意味着个人同时在几个政府单位中保有公民身份（Ostrom，2000）。同时，权利的分散使得对政府官员个人理性程度的要求降低，允许政府官员存在一定限度内的自私利己特性，客观上更符合现实状况，也对环境治理的结果增加了一重保障。

第三，多中心治理理论涉及的核心部分在于制度的制定、遵守与监管，以及参与人之间的信任问题。此时参与人可能陷入多次重复的囚徒困境，不信任的行为一旦发生，对制度的遵守也将终结，治理体系相应倒塌。将他人的承诺由"不可置信"换转为"可置信"，需要来自身陷困境的两方参与人以外的监管机制。在公众参与环境治理的过程中，政府及非政府组织可作为该角色进行监督。多中心权力体系可使多方制衡，而中央机制的存在作为不直接遭受经济损失的第三方，可以受到委托的形式，形成对于缔结同盟双方的制约。缔结同盟双方通过让渡一定数量的财富或权力，换取第三方对背叛者的有效惩罚行为，而第三方通过此交换获得完全可以抵补惩罚成本的相应收益，实现双赢（韦倩，2009）。此亦可有效避免因为监督作为社群的公共产品所导致的责任推诿与搭便车现象。

多中心治理体系下，政府和非政府环境组织都起到很大的作用。李华等（Li Hua et al.，2020）提出政府的环境投资、立法和执法将产生非常积极的影响，也有助于促进公众参与的需求改善。政府环境治理与公众参与之间也存在着协调效应。与公众参与相比，环境非政府组织的参与对需求改善具有更显著的积极影响。

三、公众集体行动的稳定持续

再回归到"公众"这一群体中的每一个微观个体进行讨论，若能证明每一个微观个体具有稳定且一致的行为倾向（环境参与），则可保证其作为一个集体将会持续进行环境参与。

首先考虑公众参与环境治理中出现的少部分杰出参与人，本研究将环保主义者作为领导人考察其对社会规则的影响。而当参与人开始进行集体行动，根据阿西莫格鲁和马修（Acemoglu and Matthew，2015）的领导力模型，良好的开端将形成正向的社会范式，对他人期望会导致参与人将模糊的信号解释为与社会范式行为一致，从而克服偶尔的违法行为。也就是说，如果出现极少部分人对于环境参与产生犹豫，或相对不十分积极的情况，大部分人会将这种模糊的消极信号理解为环境参与过程中可能遇到的问题，进行多方面的内省，而不会怀疑参与行为本身。这使少部分人对于规律的偏离不会被普遍接受。且由于每个参与人的行为都受到上、下两时期参与人行为的影响，杰出的参与人的行为能被下一时期参与人完美地观察到，使杰出的参与人可以在不断变化的社会规范中发挥领导作用。这有助于在社会规范偏离积极、有效的轨道时进行匡正，以保证参与公众可获得正向且稳定的激励。

领导力模型假设在合作中有两种行为策略：高策略和低策略。"高"策略意味着更高程度的合作，对应地，"低"策略意味着合作的缺失。尽管行动策略（高，高），即双方都进行较高程度的合作可获得收益率更高的回报，低社会规范可能由于参与人预期他人在过去作出如此选择，进而稳定出现（低，低）的行动策略，即合作难以达成。特别地，一旦第一个参与人选择了这种行动组合，很可能诱使与之互动的参与人同样作出（低，低）的行动策略。而下一个参与人得到前一个参与人有可能选择过（低，低）行动策略的信息，也会倾向于作出相同的选择。这种社会规范就会自我延续。此外，强调历史和预期之间的相互作用在社会规范中的演变，一个重要的信号将被解释为来自选择"低"行动策略参与人的下一代，因此将紧随其后的是一个低反应。这会打击"高"行动策略的积极性，使"低"的社会规范更有可能持续存在。当杰出的参与人很少时，这些社会规范可以持续很长时间。因此，在鼓励公众进行环境参与之初，选择并大力扶持一位能得到广泛认可的环保主义者作为杰出参与人，是至关重要的。在这之后（高，高）的社会规范将可能得到延续、持续存在。

接下来考虑一般参与公众的行为抉择。学者在参与人效用函数内增加反映公共关心的群体性偏好因素，或增加有关其他参与人采取策略的信念。根据康德主义绝对命令，在公众作为独立的个体有意愿进行环境参与的情况下，他们会将环境参与视作一种普遍规律而一直遵守下去，除非一种新的、被广泛接受的行动出现。越多的公众进行环境参与，公众所能发挥的参与作用也越为显著。

至此，公众较少可能因主观认为力所不能及等原因不愿参与环境治理。在康德主义绝对命令的情形下，公众将会倾向改变自己的参与意志，最终参与到环境问题中来。这时，任何一个个体都处于积极进行环境参与的大环境之中。

在这样的环境下，根据行为经济学中的默认效应（default effect），人们倾向于选择默认的选项。任何一个政策的发布，都对应一种不采取任何行动的默认选择。想要改变这种选择，就必然会出现心理成本、认知负荷和感情成本。随着成本的增加，公众更为不容易在积极进行环境参与的大环境中作出"退出环境参与"的选择。因此，公众参与环境的倾向可以得到正向的激励并稳定进行，即使公众作为分散的个体，最终也必将集结成为集体，齐心协力地进行环境参与。

第三节 公众与企业双方互动机制的理论模型

一、环境治理中的利益相关方

如前所述，环境治理理论强调的多元治理主体包括政府、企业、公众（包括社会组织）等利益相关方。这些相关方在决策实施环境规制、绿色环境行为以及进行环境参与时，会产生相互影响，继而决定各自的收益函数，因而这些主体的行为可以用博弈理论进行分析。在利用博弈理论之前，必须假设这些主体都是追求自身利益最大化的理性经济体，即他们的决策选择是在既定目标的前提下，以自身利益最大化为基础的。首先，环境治理的成果，即环境质量的上升作为一种有正外部效应的公共品，会自然产生供给不足的后果，因而必须实施一定程度的政府干预。而政府的环境规制措施必然带来从微观到宏观层面的环境治理成本。从微观角度来说，这种环境治理成本主要由环境污染的主要来源——企业来承担。当然，企业积极开展环境治理，实施绿色环境行为也有助于降低能源消耗，从而降低生产成本，并可能由于履行社会责任而提高企业的社会形象，进而提升名誉价值。对于公众来说，他们是绿色环境行为的个体承担者，并且环境质量的优劣对公众有着直接的健康影响。同时，他们也是政府和企业的服务对象，公众能够以"以手投票"或是"以脚投票"的方式影响政府和企业的行为决策。

二、博弈模型的构建

基于上述对利益相关者的分析，本书构建了公众与企业的博弈模型，以此分析影响公众和企业在实施绿色环境行为策略选择时的主要因素。模型的前提假设如下。

假设 3-1：政府将进行严格的环境规制，并且政府为了鼓励企业实施绿色环境行为，会支付环境治理补贴 S。同时，如果企业没有实施绿色环境行为而导致污染大量排放，造成环境恶化，则将会受到政府的环境污染罚款 F（F 是惩罚的基数）。

假设 3-2：企业的策略选择为"实施绿色环境行为"和"不实施绿色环境行为"，简记为（实施，不实施）；公众的策略选择为"参与环境治理"和"不参与环境治理"，简记为（参与，不参与）。

假设 3-3：企业和公众在初始情况下，即不实施绿色环境行为和不参与环境治理的收益分别为 W_1、W_2。

假设 3-4：如果企业选择实施绿色环境行为，企业会得到政府的环境

治理补贴 S。如果公众选择参与、企业选择不实施，企业会受到来自政府的环境污染处罚，并且罚款与公众参与情况（公众可以对高排放、高污染、高耗能的企业进行举报）呈正相关，用 nF 表示，n 代表了公众参与的程度，同时假设政府会奖励公众的举报行为，奖励额为 E。

假设 3 - 5：企业如果实施绿色环境行为、减少能源消耗以及环境污染，必然需要进行包括更新设备、技术研发等环境治理投入，假设投入成本为 C_1。而公众参与环境治理同样需要投入时间和精力，并为获得环境参与所必需的环境信息支付相应成本，假设公众参与环境治理的成本为 C_2。

假设 3 - 6：如果企业实施绿色环境行为、改善环境质量会给全社会带来正的外部性，因而公众会得到由于环境质量改善所带来的收益 J。对于企业来说，在公众关注环境问题时，即公众进行环境参与时，企业实施绿色环境行为也会提升企业社会形象，带来声誉收益 nI。相反，如果企业不实施绿色环境行为，在公众参与的情况下，企业就会丧失声誉，带来相应的声誉成本，并且此时会降低公众的生活质量，带来环境恶化造成的损失 J。

基于上述假设，我们可以得到如下的企业和公众的支付矩阵，如表 3 - 1 所示。

表 3 - 1　　　　　　　　　　支付矩阵

	企业实施	企业不实施
公众参与	$W_2 - C_2 + J$, $W_1 + S - C_1 + nI$	$W_2 - C_2 + E - J$, $W_1 - nF - nI$
公众不参与	$W_2 + J$, $W_1 + S - C_1$	$W_2 - J$, W_1

根据支付矩阵我们可以看出，当企业实施绿色环境行为时，公众缺少环境参与的激励；而当企业不参与时，公众是否参与取决于政府的奖励力度 E 与参与总成本 C_2 的大小；当公众参与时，企业是否实施绿色环境行为取决于政府环境治理补贴力度、企业环境治理成本、政府环境污染处罚力度，以及企业声誉的收益或损失等因素；当公众不参与时，企业是否参与取决于政府的环境治理补贴力度和企业环境治理的成本孰大孰小。综上所述，实现环境治理是政府、企业和公众之间互动的过程。其中企业作为主要的环境污染主体，决定着环境治理的效果，而企业的绿色环境行为同时受政府的政策力度，以及公众的认知偏好和参与程度的影响。

三、分析与启示

根据支付矩阵可以发现上述博弈模型的均衡可能有以下几种情况。首先，如果企业收到的环境治理补贴大于环境治理成本，即 $S > C_1$，那么无论公众是否选择参与环境治理，企业都会实施绿色环境行为，博弈的均衡为（不参与，实施）。这预示着政府的强干预，即加大对企业的环境治理激励，或是企业的技术进步，即企业的治理成本下降，就可以促进企业实施绿色环境行为。此时，公众没有参与的动机，预示着政府的强干预亦可能对公众参与环境治理产生"挤出效应"。虽然，在只考虑公众和企业利益时，这一结果可以看作是帕累托最优，但是如果政府的环境治理补贴也被看作是一种宏观层面上的环境治理成本，这一博弈结果（不参与，实施）未必是社会福利最大化的状态。

其次，如果政府的环境治理补贴较少，或者说企业面临较大的环境治理成本，并且公众的参与程度较低，以至于企业的环境治理成本超过了两倍的企业声誉价值、举报后的污染罚款以及治理补贴之和（即 $C_1 > S + 2nI + nF$），那么企业的最优选择就是不实施绿色环境行为。此时，促进公众进行环境参与，使博弈能否实现帕累托改进，取决于政府对公众举报的奖励 E 与公众参与的成本 C_2 之间的权衡。因此，此时促进公众参与环境治理可以改善社会福利水平，考虑到政府层面的补贴成本，这一举措的关键就是切实降低公众环境参与成本。

最后，随着公众参与成本的降低，公众参与程度的上升，企业的最优决策也会向着实施绿色环境行为而改变。

第四节 **公众举报与政府管制策略演化机制的理论模型**

一、模型背景和基本假设

本模型是在吕丹和李明珠（2020）的双方演化博弈模型的基础上修改

而得。本模型中的博弈主体主要有受到企业排污损害的公众 M 和政府监管机构群体 G，根据演化博弈理论，双方均为有限理性主体，参与人在博弈的过程中分别作出相应策略，公众面对企业排污造成的损害的策略选择有"举报"与"忍受"两种；政府面对企业排放污染可以选择的决策为"管制"与"不管制"。

根据博弈模型的构建原则，假设模型的主要参数和符号如表 3 - 2 所示。需要说明的是，假设 Z 为政府执行环境规制下，公众举报污染企业所获得的赔偿，且假设 $Z > C_1$，这是因为如果赔偿小于公众的举报成本，公众一定会放弃举报选择忍受，因此不会出现双方的博弈，也与实际情况不符。假设政府不管制污染企业，在公众选择举报时，政府忽视举报而导致的名誉损失为 L_1，在公众选择忍受时，公众认为政府不作为而导致的政府名誉损失为 L_2，假设 $L_1 > L_2$，这是由于公众花费成本搜集证据举报污染企业，在举报证据面前，政府如果依旧坐视不理，会造成公众对政府的信任度的极大丧失以及对政府的极度不满；如果公众没有举报，政府也不管制，虽然政府同样会名誉受损，但是可能公众只是会抱怨政府，不会产生信任丧失和极大的负面情绪。

表 3 - 2　　　　　　　　　　博弈模型参数含义说明

博弈方	参数	含义说明
公众涉及的参数	C_1	公众收集污染证据举报排污企业的成本
	Z	公众举报污染企业所获得的赔偿（即在政府执行环境管制下，污染企业给予公众的补偿金额），且 $Z > C_1$
	C_2	政府执行环境规制、监督企业的成本
	Q	政府执行环境规制，对污染企业的罚款，充当政府的环保资金
政府涉及的参数	L_1	政府不管制污染企业，在公众选择举报时，政府忽视举报而导致的名誉损失
	L_2	政府不管制污染企业，在公众选择忍受时，政府不作为而导致的名誉损失，且 $L_2 < L_1$
	T	在缺乏环境规制下，污染企业效益良好，比存在环境规制情况下多征收税款的金额

基于以上假设，可以构建出演化博弈模型的收益矩阵，如表 3 - 3 所示。

表 3 – 3   公众和政府的行为选择及支付矩阵

	政府管制	政府不管制
公众举报	$-C_1 + Z$，$-C_2 + Q$	$-C_1$，$-L_1 + T$
公众忍受	0，$-C_2 + Q$	0，$-L_2 + T$

二、公众与政府的演化博弈分析

(一) 模型构建

x 表示公众选择"举报"的概率，对应的 $1 - x$ 则表示公众选择"忍受"的概率，y 表示政府面对企业排放污染时选择"管制"的概率，$1 - y$ 则是政府选择"不管制"的概率，x 与 y 都是时间 t 的函数。由上述收益矩阵可得，公众选择举报得到的期望收益 U_1 和选择忍受得到的期望收益 U_2 以及平均收益 $\overline{U}$ 分别为

$$U_1 = y(-C_1 + Z) + (1 - y)(-C_1) \tag{3-1}$$

$$U_2 = 0 \tag{3-2}$$

$$\overline{U} = xU_1 + (1 - x)U_2 \tag{3-3}$$

公众选择举报的概率的复制动态方程为

$$f^1(x, y) = \frac{\mathrm{d}x}{\mathrm{d}t} = x(1 - x)(yZ - C_1) \tag{3-4}$$

同理，政府选择管制得到的期望收益 V_1 和选择不管制得到的期望收益 V_2 以及平均收益 $\overline{V}$ 分别为

$$V_1 = -C_2 + Q \tag{3-5}$$

$$V_2 = x(-L_1 + T) + (1 - x)(-L_2 + T) \tag{3-6}$$

$$\overline{V} = yV_1 + (1 - y)V_2 \tag{3-7}$$

政府选择管制的概率的复制动态方程为

$$f^2(x, y) = \frac{\mathrm{d}y}{\mathrm{d}t} = y(1 - y)[-C_2 + Q - T + L_2 + x(L_1 - L_2)] \tag{3-8}$$

令 $\dfrac{\mathrm{d}x}{\mathrm{d}t}=0$，$\dfrac{\mathrm{d}y}{\mathrm{d}t}=0$，求解复制动态方程可以得到系统的 5 个局部均衡点，分别为（0，0）、（0，1）、（1，0）、（1，1），以及 $\left(\dfrac{C_2-Q+T-L_2}{L_1-L_2},\ \dfrac{C_1}{Z}\right)$。

令 $\pi=C_2-Q+T$，即最后一个均衡点可以表示为 $\left(\dfrac{\pi-L_2}{L_1-L_2},\ \dfrac{C_1}{Z}\right)$，$\pi$ 表示不考虑声誉损失时，政府如果选择不管制能比选择管制获得多的部分。由于均衡内所代表的混合策略的概率均大于 0 且小于 1，即 $0<\dfrac{\pi-L_2}{L_1-L_2}<1$，且已知 $0<C_1<Z$。这进一步意味着，如果 $\pi<L_2<L_1$，那么，一旦政府选择不管制，无论公众是否选择举报，受到的声誉损失都很大，远远超过了政府选择不管制时能获得的相对潜在收益 π，这使得政府一定会选择管制，避免声誉损失，因此博弈也就不存在了；反之，如果 $L_2<L_1<\pi$，那么政府一定会选择不管制，博弈也会不存在。因而，可得 $L_2<\pi<L_1$。

根据前式可以得到该系统的雅可比矩阵（J）为

$$
J=\left\{
\begin{array}{ll}
(yZ-C_1)(1-2x) & x(1-x)Z \\
y(1-y)(L_1-L_2) & (1-2y)\left[-\pi+L_2+x(L_1-L_2)\right]
\end{array}
\right\} \tag{3-9}
$$

（二）模型分析

记矩阵的行列式为 $\det(J)$，矩阵的迹为 $\mathrm{tr}(J)$，对于 5 个均衡点的稳定性分析如表 3-4 所示。

表 3-4　　　　　　　　　　均衡点数值表达式

均衡点	$\det(J)$	$\mathrm{tr}(J)$
（0，0）	$-C_1(L_2-\pi)$	$-C_1+(L_2-\pi)$
（0，1）	$(Z-C_1)(\pi-L_2)$	$(Z-C_1)-(L_2-\pi)$
（1，0）	$C_1(L_1-\pi)$	$C_1+(L_1-\pi)$
（1，1）	$(C_1-Z)(\pi-L_1)$	$(C_1-Z)+(\pi-L_1)$
$\left(\dfrac{\pi-L_2}{L_1-L_2},\ \dfrac{C_1}{Z}\right)$	$-\dfrac{Z(L_1-\pi)(\pi-L_2)}{(L_1-L_2)^2}\dfrac{C_1(Z-C_1)(L_1-L_2)}{Z^2}$	0

根据演化博弈稳定性分析结果显示，点（0，0）和（1，1）是演化博弈

的 ESS 均衡点，表明公众选择"忍受"，同时政府选择"不管制"，此时是稳定的，或者公众选择"举报"，同时政府选择"管制"，这种策略组合也是稳定的。而点（0，1）和（1，0）是两个不稳定点，说明公众选择"忍受"，同时政府选择"管制"，或者公众选择"举报"，但同时政府选择"不管制"，这两种策略组合是不稳定的。点 $\left(\dfrac{\pi - L_2}{L_1 - L_2}, \dfrac{C_1}{Z}\right)$ 是一个鞍点，表明在这一点上如果有稍微的扰动，这个均衡就会被打破，双方策略组合的点会趋于并最终到达（0，0）或者（1，1）。除了鞍点外，每一个混合策略组合点都会趋近到达（0，0）或者（1，1）点，具体趋向于哪一点取决于该点所处的位置。

　　如图 3 - 1 所示，点 E 表示鞍点的位置。当初始值位于鞍点的右上方部分时，即处于演化相图的 ABCE 之中，该点将收敛于（1，1），当初始值位于鞍点的左下方位时，即处于演化相图的 AECD 之中时，该点将收敛于（0，0）。而当初始值恰好位于鞍点时，如果不存在扰动，那么位于鞍点的初始值将不随时间发生移动。如果初始值是均匀分布的话，相图中 ABCE 和 AECD 的面积正好分别是到达 ESS 均衡点（1，1）和 ESS 均衡点（0，0）的概率。ABCE 的面积越大，意味着最终演化稳定策略组合是｛举报，管制｝的可能性越大。反之，AECD 的面积越大，意味着最终演化稳定策略组合是｛忍受，不管制｝的可能性越大。

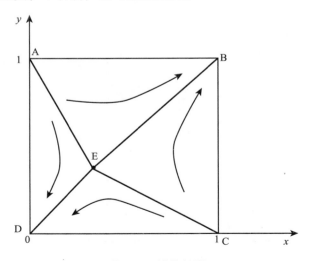

图 3 - 1　演化相图

（三）演化仿真分析

本部分通过 Matlab 程序进行数值仿真，进一步验证（0，0）和（1，1）是演化博弈的均衡点，以及模拟出不同初始值点向均衡点的演化轨迹，以及证明鞍点的存在。本部分令 $C_1 = 2$，$C_2 = 20$，$Z = 6$，$Q = 40$，$T = 30$，$L_1 = 15$，$L_2 = 7$，并根据前文计算出鞍点的值为 $\left(\dfrac{3}{8}, \dfrac{1}{3}\right)$，将设定其余6个数值模拟初始值，$(x, y)$ 分别取（0.1，0.6）、（0.3，0.4）、（0.7，0.05）、（0.1，0.9）、（0.4，0.5）、（0.8，0.1），参与主体的策略选择随时间变化的动态演化过程如图 3-2 所示。

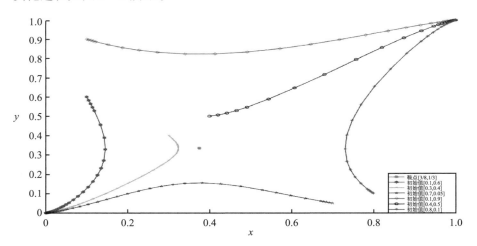

图 3-2　参与主体策略选择的动态演化过程

（四）演化均衡的影响因素分析

由于监管成本和举报成本、罚款、赔偿金额以及征收税款都是依据法规既定的，而声誉损失不容易量化，存在变动的空间，因此本部分将着重探究政府在公众举报时，选择不管制时受到声誉损失 L_1 的大小，对于演化均衡的影响，本部分令 $C_1 = 2$，$C_2 = 20$，$Z = 6$，$Q = 40$，$T = 30$，$L_2 = 7$，取初始值为（0.5，0.5），此时 L_1 应大于10，随着 L_1 的变化，鞍点也在随之移动，令 L_1 的值分别取12、13、15、17，以此来探究演化结果随声誉损失 L_1 的调整所呈现的变动趋势。由图 3-3 可知，随着 L_1 的不断增大，在初始值为（0.5，0.5）的情况下，博弈双方趋于｛举报，管制｝这样一个均衡策略组合的速度越来越快，说明提高声誉损失对博弈双方动态演化起到了正向的促进作用。

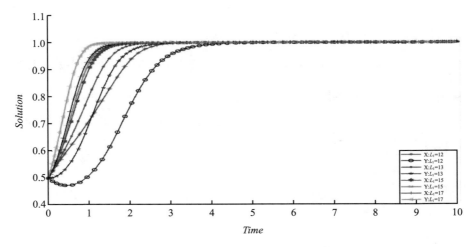

图 3 - 3　声誉损失 L_1 对动态演化结果的影响

（五）结果分析与讨论

通过建立演化博弈模型，可以得到政府和公众存在两个长期稳定的均衡策略组合，一是公众选择"忍受"，同时政府选择"不管制"；二是公众选择"举报"，同时政府选择"管制"。最终得到演化稳定策略的组合取决于初始值的位置和鞍点的位置。为了达成｛举报，管制｝这样一个公众和政府良好互动、保护环境的组合，就要尽量使得鞍点的位置靠近原点，使达成｛举报，管制｝演化稳定策略组合的可能性越大，一方面要尽可能减少公众举报所需的成本，提高举报成功后污染企业对公众的补偿；另一方面要增大政府不管制时受到的名誉损失 L_1 和 L_2，并且减少政府选择不管制时获得的收益 π。

通过声誉损失 L_1 对动态演化结果的影响分析，说明如果公众举报但政府不管制将受到的声誉损失越大，公众和政府越容易达成均衡策略组合｛举报，管制｝，并且这个策略组合也更能保持长期稳定。为了促进公众主动参与监督举报污染企业，以及增加政府选择环境管制的意愿，应该建立政府声誉调查机制或者公众满意度调查机制，将公众对政府的满意度作为政府考核的重点指标，切实推进建立服务型、让人民满意的政府。

 第五节 公众、企业与政府三方互动机制的理论模型

一、模型假设

本模型将利用演化博弈的方法，来研究和分析在政府激励的条件下，公众参与环境治理的策略选择。根据演化博弈的分析基础和分析框架，模型的建立需要具备相应的假设使模型成立。因此，本模型作出以下假设。

假设 3 - 7：本演化博弈模型中，博弈的参与主体分别为：政府、排污企业和公众。在环境治理的博弈中，政府、排污企业和公众三方之间存在信息不对称，并且参与博弈的三方都是有限理性的。

假设 3 - 8：在本模型中，政府的策略空间为（监管，不监管），设政府选择监管的比例为 x，选择不监管的比例为 $1 - x$。排污企业的策略空间为（污染物处理后排放，污染物直接排放），其中选择污染物处理后排放的企业比例为 y，企业选择直接排放污染物的比例为 $1 - y$。公众的策略空间为（监督，不监督），其中公众选择监督的比例设为 z，不监督的公众比例则为 $1 - z$。其中，$0 \leqslant x$、y、$z \leqslant 1$。

假设 3 - 9：对于政府来说，主动对排污企业进行监管需要花费一定的人力、物力和财力，所需的监管成本为 $C_{1,1}$。同时，污染物得到有效的治理带来的经济效益和社会效益为 $R_{1,1}$。此外，政府鼓励公众积极参与环境治理，对排污企业进行监督。政府对成功举报排污企业的公众提供的奖励为 $R_{3,1}$。

假设 3 - 10：对于排污企业来说，对污染物进行处理需要花费相应的成本，所需的处理成本为 $C_{2,1}$。而企业直接排放污染物被发现后会影响到企业声誉，造成的经济损失为 $C_{2,2}$。同时，企业需要向政府缴纳一定量的罚款 $C_{2,3}$。

假设 3 - 11：对于公众来说，对排污企业进行监督也需要花费一定的时间和精力，所需的监督成本为 $C_{3,1}$。如果成功向政府举报排污企业的直接排放行为将获得的奖励为 $R_{3,1}$。同时，污染物排放具有负外部性，如果污染物不经过处理直接排放会恶化居民的生活环境，对公众造成的损失为 $C_{3,2}$。

二、模型构建

根据上一部分的假设，政府、排污企业和公众每一方都有两种可供选择的策略。因此，政府、排污企业和公众三方的博弈可以构成八种不同的博弈策略组合：（监管，污染物处理后排放，监督）（监管，污染物处理后排放，不监督）（监管，污染物直接排放，监督）（监管，污染物直接排放，不监督）（不监管，污染物处理后排放，监督）（不监管，污染物处理后排放，不监督）（不监管，污染物直接排放，监督）（不监管，污染物直接排放，不监督）。根据以上八种不同的策略组合，以及三方所获得的支付，可以建立政府、排污企业和公众的三方博弈的支付矩阵，如表 3 - 5 所示。

表 3 - 5　　　　　政府、排污企业和公众三方博弈的支付矩阵

政府	公众	排污企业	
		污染物处理后排放（y）	污染物直接排放（$1-y$）
监管（x）	监督（z）	（A_1, B_1, D_1）	（A_3, B_3, D_3）
	不监督（$1-z$）	（A_2, B_2, D_2）	（A_4, B_4, D_4）
不监管（$1-x$）	监督（z）	（A_5, B_5, D_5）	（A_7, B_7, D_7）
	不监督（$1-z$）	（A_6, B_6, D_6）	（A_8, B_8, D_8）

当政府选择监管策略、排污企业选择污染物处理后排放策略、公众选择监督策略时。政府需要提供 $C_{1,1}$ 的监管成本，由于污染物得到有效的治理获得 $R_{1,1}$ 的收益。因此，政府的支付 $A_1 = R_{1,1} - C_{1,1}$。公众在监督企业时所需要付出的成本为 $C_{3,1}$，因此，公众的支付为 $B_1 = -C_{3,1}$。排污企业处理污染物需要付出的污染物处理成本为 $C_{2,1}$，因此企业的支付为 $D_1 = -C_{2,1}$。

当政府选择监管策略、排污企业选择污染物处理后排放策略、公众选择不监督策略时。政府需要提供 $C_{1,1}$ 的监管成本，由于污染物得到有效

的治理获得 $R_{1,1}$ 的收益。因此，政府的支付 $A_2 = A_1 = R_{1,1} - C_{1,1}$。公众在监督企业时所需要付出的成本为 0，因此，公众的支付为 $B_2 = 0$。排污企业处理污染物需要付出的污染物处理成本为 $C_{2,1}$，因此企业的支付为 $D_2 = -C_{2,1}$。根据相似的分析过程，可以求得其他几组博弈的具体支付，如表 3 - 6 所示。

表 3 - 6   三方博弈中各策略组合的支付

支付矩阵中的符号	政府支付	排污企业支付	公众支付
(A_1, B_1, D_1)	$R_{1,1} - C_{1,1}$	$-C_{2,1}$	$-C_{3,1}$
(A_2, B_2, D_2)	$R_{1,1} - C_{1,1}$	$-C_{2,1}$	0
(A_3, B_3, D_3)	$-C_{1,1} + C_{2,3} - R_{3,1}$	$-C_{2,2} - C_{2,3}$	$-C_{3,1} - C_{3,2} + R_{3,1}$
(A_4, B_4, D_4)	$-C_{1,1} + C_{2,3}$	$-C_{2,2} - C_{2,3}$	$-C_{3,2}$
(A_5, B_5, D_5)	$R_{1,1}$	$-C_{2,1}$	$-C_{3,1}$
(A_6, B_6, D_6)	$R_{1,1}$	$-C_{2,1}$	0
(A_7, B_7, D_7)	$C_{2,3} - R_{3,1}$	$-C_{2,2} - C_{2,3}$	$-C_{3,1} - C_{3,2} + R_{3,1}$
(A_8, B_8, D_8)	0	$-C_{2,2}$	$-C_{3,2}$

三、模型分析与讨论

（一）政府的综合分析

1. 政府的均衡分析

设政府选择"监管"的期望收益为 U_{11}，选择"不监管"的期望收益为 U_{12}，政府的平均收益为 $\bar{U}_1$。由上述假设可知：

$$\bar{U}_1 = xU_{11} + (1-x)U_{12} \tag{3-10}$$

$$U_{11} = yz(R_{1,1} - C_{1,1}) + y(1-z)(R_{1,1} - C_{1,1}) + z(1-y)(-C_{1,1} + C_{2,3} - R_{3,1}) + (1-z)(1-y)(-C_{1,1} + C_{2,3}) \tag{3-11}$$

$$U_{12} = yz(R_{1,1}) + y(1-z)(R_{1,1}) + z(1-y)(C_{2,3} - R_{3,1}) + (1-z)(1-y) \times 0 \tag{3-12}$$

2. 政府的复制动态方程分析

根据公式（3 - 10）至公式（3 - 12）构建政府采取监管策略比例 x 的复制动态方程，可得：

$$F_x = \frac{\mathrm{d}x}{\mathrm{d}t} = x(U_{11} - \bar{U}_1) \qquad (3 - 13)$$

经过运算整理可以得到：

$$F_x = x(1 - x)\left[-C_{1,1} + (1 - z)(1 - y)C_{2,3}\right] \qquad (3 - 14)$$

对政府的演化稳定策略进行分析。根据求解个体均衡点稳定性的原则，当微分方程 F_x 恒为 0 时，所有的策略选择都是稳定的状态。

情况 1：当 $-C_{1,1} + (1 - z)(1 - y)C_{2,3} = 0$ 的时候，无论 x 取任何值，即无论政府选择监管策略或者不监管策略的概率为多少，政府选择其中任意一种策略都不会随时间改变，博弈均为稳定状态。

情况 2：当 $-C_{1,1} + (1 - z)(1 - y)C_{2,3} \neq 0$ 的时候，使 $F_x = 0$ 求得，$x = 0$ 和 $x = 1$ 是微分方程的两个稳定点。

根据演化稳定策略的条件可知，要使政府达到演化稳定策略，需要满足 $\frac{\mathrm{d}F_x}{\mathrm{d}x} < 0$。

若 $x = 1$ 时，$\frac{\mathrm{d}F_x}{\mathrm{d}x} < 0$。此时，$-C_{1,1} + (1 - z)(1 - y)C_{2,3} > 0$。则 $x = 1$ 是方程的平衡点，政府会倾向选择监管策略。

若 $x = 0$ 时，$\frac{\mathrm{d}F_x}{\mathrm{d}x} < 0$。此时，$-C_{1,1} + (1 - z)(1 - y)C_{2,3} < 0$。则 $x = 0$ 是方程的平衡点，政府会倾向选择不监管策略。

3. 参数分析

根据上述的分析，我们可以知道 $-C_{1,1} + (1 - z)(1 - y)C_{2,3}$ 的符号会影响到政府行为策略选择。已知 $C_{1,1}$ 代表的是政府的监管成本，$C_{2,3}$ 代表的是企业直接排污被发现后需要缴纳的罚款。且 $(1 - z)(1 - y) \geqslant 0$ 恒成立。当对企业的罚款力度越大、政府监管成本越低的时候，政府更倾向选择"监管"策略。与之相反，当对企业的罚款力度越小、政府监管成本越高的时候，政府更倾向选择"不监管"策略。

（二）排污企业的综合分析

1. 排污企业的均衡分析

设排污企业选择"污染物处理后排放"的期望收益为 U_{21}，选择"污染物直接排放"的期望收益为 U_{22}，企业的平均收益为 $\bar{U}_2$。由上述假设可知：

$$\bar{U}_2 = yU_{21} + (1-y)U_{22} \tag{3-15}$$

$$U_{21} = xz(-C_{2,1}) + x(1-z)(-C_{2,1}) + z(1-x)(-C_{2,1}) +$$
$$(1-x)(1-z)(-C_{2,1}) \tag{3-16}$$

$$U_{22} = xz(-C_{2,2} - C_{2,3}) + x(1-z)(-C_{2,2} - C_{2,3}) +$$
$$z(1-x)(-C_{2,2} - C_{2,3}) + (1-x)(1-z)(-C_{2,2}) \tag{3-17}$$

2. 排污企业的复制动态方程分析

根据公式（3-15）至公式（3-17）构建排污企业采取污染物处理后策略比例 y 的复制动态方程，可得：

$$F_y = \frac{dy}{dt} = y(U_{21} - \bar{U}_2) \tag{3-18}$$

经过运算整理可以得到：

$$F_y = y(1-y)[-C_{2,1} + C_{2,2} + (x+z-xz)C_{2,3}] \tag{3-19}$$

根据求解个体均衡点稳定性的原则，当微分方程 F_y 恒为 0 时，所有的策略选择都是稳定的状态。

情况 1：当 $-C_{2,1} + C_{2,2} + (x+z-xz)C_{2,3} = 0$ 的时候，无论 y 取任何值，即无论排污企业选择污染物处理后排放策略或者污染物直接排放策略的概率为多少，企业选择其中任意一种策略都不会随时间改变，博弈均为稳定状态。

情况 2：当 $-C_{2,1} + C_{2,2} + (x+z-xz)C_{2,3} \neq 0$ 的时候，使 $F_y = 0$ 求得，$y=0$ 和 $y=1$ 是微分方程的两个稳定点。

根据演化稳定策略的条件可知，要使得排污企业达到演化稳定策略，需要满足 $\frac{dF_y}{dy} < 0$。

若 $y = 1$ 时，$\dfrac{\mathrm{d}F_y}{\mathrm{d}y} < 0$。此时，$-C_{2,1} + C_{2,2} + (x + z - xz)C_{2,3} > 0$。则 $y = 1$ 是方程的平衡点，排污企业会倾向选择污染物处理后排放策略。

若 $y = 0$ 时，$\dfrac{\mathrm{d}F_x}{\mathrm{d}y} < 0$。此时，$-C_{2,1} + C_{2,2} + (x + z - xz)C_{2,3} < 0$。则 $y = 0$ 是方程的平衡点，排污企业会倾向选择污染物直接排放策略。

3. 参数分析

根据上述的分析，我们可以知道 $-C_{2,1} + C_{2,2} + (x + z - xz)C_{2,3}$ 的符号会影响到排污企业的行为策略选择。已知 $C_{2,1}$ 代表的是排污企业对污染物进行处理需要花费的处理成本；$C_{2,2}$ 代表的是企业直接排放污染物被发现后会影响到企业声誉造成的经济损失；$C_{2,3}$ 代表的是企业直接排污被发现后需要缴纳的罚款。且由假设可知 $(x + z - xz) \geqslant 0$ 恒成立。当排污企业处理污染物的成本越小、影响到企业声誉造成的经济损失以及对企业的罚款力度越大，排污企业更倾向选择"污染物处理后排放"策略。与之相反，当排污企业处理污染物的成本越大、影响到企业声誉造成的经济损失以及对企业的罚款力度越小，排污企业更倾向选择"污染物处理后排放"策略。

（三）公众的综合分析

1. 公众的均衡分析

假设公众选择"监督"的期望收益为 U_{31}，选择"不监督"的期望收益为 U_{32}，公众的平均收益为 $\overline{U}_3$。由上述假设可知：

$$\overline{U}_3 = zU_{31} + (1 - z)U_{32} \tag{3-20}$$

$$U_{31} = xy(-C_{3,1}) + x(1 - y)(-C_{3,1} - C_{3,2} + R_{3,1}) + y(1 - x)(-C_{3,1}) + (1 - x)(1 - y)(-C_{3,1} - C_{3,2} + R_{3,1}) \tag{3-21}$$

$$U_{32} = xy(0) + x(1 - y)(-C_{3,2}) + y(1 - x)(0) + (1 - x)(1 - y)(-C_{3,2}) \tag{3-22}$$

2. 公众的复制动态方程分析

根据公式（3-20）至公式（3-22）构建公众采取监督策略比例 z 的复制动态方程，可得：

$$F_z = \frac{\mathrm{d}z}{\mathrm{d}t} = z(U_{31} - \bar{U}_3) \qquad (3-23)$$

经过运算整理可以得到：

$$F_z = z(1-z)[-C_{3,1} + (1-x-y)R_{3,1}] \qquad (3-24)$$

对公众的演化稳定策略进行分析，根据求解个体均衡点稳定性的原则，当微分方程 F_z 恒为 0 时，所有的策略选择都是稳定的状态。

情况 1：当 $-C_{3,1} + (1-x-y)R_{3,1} = 0$ 的时候，无论 z 取任何值，即无论公众选择监督策略或者不监督策略的概率为多少，公众选择其中任意一种策略都不会随时间改变，博弈均为稳定状态。

情况 2：当 $-C_{3,1} + (1-x-y)R_{3,1} \neq 0$ 的时候，使 $F_z = 0$ 求得，$z = 0$ 和 $z = 1$ 是微分方程的两个稳定点。

根据演化稳定策略的条件可知，要使公众达到演化稳定策略，需要满足 $\frac{\mathrm{d}F_z}{\mathrm{d}z} < 0$。

若 $z = 1$ 时，$\frac{\mathrm{d}F_z}{\mathrm{d}z} < 0$。此时，$-C_{3,1} + (1-x-y)R_{3,1} > 0$。则 $z = 1$ 是方程的平衡点，公众会倾向选择监督策略。

若 $z = 0$ 时，$\frac{\mathrm{d}F_z}{\mathrm{d}z} < 0$。此时，$-C_{3,1} + (1-x-y)R_{3,1} < 0$。则 $z = 0$ 是方程的平衡点，公众会倾向选择不监督策略。

3. 参数分析

根据上述的分析，我们可以知道 $-C_{3,1} + (1-x-y)R_{3,1}$ 的符号会影响到公众的行为策略选择。已知 $C_{3,1}$ 代表的是公众的监督成本，$R_{3,1}$ 代表的是公众成功向政府举报排污企业的直接排放行为将获得的奖励。由于 $(1-x-y)$ 的符号不确定，因此需要分情况讨论。当 $1-x-y < 0$ 时，即当政府选择监督策略或者企业选择污染物处理后排放策略的概率较大时，$-C_{3,1} + (1-x-y)R_{3,1} < 0$ 恒成立，此时公众倾向选择"不监督"策略。$1-x-y > 0$ 时，即当政府选择监督策略或者企业选择污染物处理后排放策略的概率足够小时，公众的选择倾向与公众的监督成本和举报成功获得的奖励相关。当举报成功的奖励越高、监督成本越小时，公众倾向选择"监督"策略；当举报成功的奖励越低、监督成本越高时，情况则相反。

四、模型分析的主要结论

如前所述，各个参与方的策略选择倾向与各自的支付相关。当对企业的罚款力度越大、政府监管成本越低的时候，政府更倾向选择"监管"策略。当排污企业处理污染物的成本越大、影响到企业声誉造成的经济损失以及对企业的罚款力度越小，排污企业更倾向选择"污染物处理后排放"策略。而公众的选择倾向不仅与举报成功的奖励和监督成本相关，还与政府选择监督策略以及企业选择污染物处理后排放策略的概率相关。

总的来说，环境的治理需要各方的努力。为了阻止污染物的无序排放，我们应该积极鼓励对污染物处理技术的研究开发，降低排污企业的污染物处理成本。同时，加大对企业不按照规定排放污染物的处罚力度。此外，应当营造良好的舆论环境，使乱排污的企业受到较大的声誉影响，进而造成较大的经济损失。

第四章

公众参与环境治理作用机制的实证分析

本章利用经济学实证分析的方法，通过构建相关计量模型，从以下五个方面检验了公众环境参与的作用机制和效果：一是检验了公众环境诉求对地方环境法规实施效果的影响；二是检验了公众环境诉求对污染物排放的影响；三是检验了公众环境关心对公众环境行为的影响；四是检验了公众环境关心对政府环境行为的影响；五是检验了公众环境关心对社会责任投资的影响。

 第一节 公众环境诉求对地方环境法规实施效果的影响

一、引言

众所周知，环境政策的有效实施和执行，离不开国家完善的制度环境。但显然，众多发展中国家普遍存在正式制度薄弱的缺陷。许多研究发现，市场机制不完善、司法体系缺陷、法律执行力和监管薄弱、寻租和腐败行为等，都会导致正式规制政策的实施效率低下甚至失败（Acemoglu et al.，2005；吕丹等，2020）。在环境立法方面，包群等（2013）、李树和翁卫国（2014）的实证研究发现，中国地方环境法规的实施效果和实际执行效率不佳。由此可见，发展中国家环境政策的实施难度远大于发达国家。

诺思（North，1990）指出，制度基本上由三个部分组成，即"正式的规则、非正式的约束以及它们的实施特征"。其中，非正式约束源于人类社会诸种文化传统，其"无论在长期，还是短期，都会在社会演化中对行为人的选择集合产生重要影响"。在环境领域，环境非正式约束的一些表现形式，如环境意识水平、地区发展特征、宗教信仰等已经被证实会对个人和企业的污染行为产生显著影响（Anton et al.，2004；Costa et al.，2013，2010；Lee，2011；Owen et al.，2007）。除此之外，近年来，许多文献开始考察公众环境诉求作为一种非正式约束的作用。例如，格林斯通和汉娜（Greenstone and Hanna，2014）针对印度的实证研究发现，公众对空气质量的较高需求能够影响空气污染政策的有效性；郑思齐等（2013）发现公众诉求能够显著影响地方政府环境污染投资、环境关心程度以及能源消耗强度；徐圆（2014）、张三峰和卜茂亮（2015）、张华（2016）也发现公众诉求对于中国工业行业污染排放水平、企业采纳 ISO 14001 认证情况、地区间环境规制的策略互动等有显著影响。

综观国内外相关文献，当前关于公众诉求对环境治理影响的研究正日益引起学者们的重视。但是，相关研究很少从非正式约束的角度出发，并且内容上大多聚焦于公众诉求对污染物排放或者个体行为的影响上。在发展中国家正式制度薄弱的背景下，我们希望探讨发展中国家环境政策的有效性是否同样受到非正式约束的影响。因此，本章将公众诉求作为非正式约束的一个体现，在评估中国地方环境法规有效性的基础上，着重分析公众诉求对政策实施效果的影响，并以此探讨非正式制度对发展中国家环境治理的作用。

二、研究设计与理论分析

（一）公众环境诉求的指标选取

当前在环境治理领域，公众参与广泛地表现为公民集体或私人为表达意见而采取的行动，包括环境信访活动、环境维权行动、环境抗议以及环境诉讼等。因此，本部分首先利用已有文献的传统方法，在度量公众环境诉求时使用了环境信访数量这一指标（记为 PD1）。达斯古普塔和惠勒

（Dasgupta and Wheeler，1997）早期针对中国环境问题的研究中，也曾利用类似指标反映公众对环境的关心程度。具体来说，数据采用了1998~2010年中国30个省级行政单位（不包括港澳台、西藏）的环境污染纠纷信访来信总数，并细分了水污染、大气污染和固体废物污染三种形式。

此外，在信息披露方面，本部分参考了格林斯通（Greenstone）等学者的做法，使用了环境新闻报道数量作为反映公众诉求的另一指标（记为PD2）。环境社会学家汉尼根（Hannigan）指出，大众媒体在建构环境风险、环境意识、环境危机以及环境问题的解决办法方面，发挥着极其重要的作用。大众传媒的形式主要包括报纸和网络，虽然前述本书已利用基于网络搜索平台、网络问政平台，以及网络社交媒体平台等大数据平台和方法构建了创新型的公众参与环境治理评价指标，但由于这些指标大多开始于2011年之后，因此本部分主要考虑了报纸来源的环境新闻报道量。具体来说，本部分利用知网"中国重要报纸全文数据库"，选取30个省级单位当地发行量和影响力大的报纸各一份，搜索含有"环境污染""水污染""大气污染""固体废物"为关键词的新闻报道，得到2000~2015年各地区相关环境新闻报道量数据。

表4-1给出了反映公众诉求的环境信访来信总数和环境新闻报道量历年平均数据的空间分布，并进一步区分了具体污染形式，以反映公众对某种污染的关注程度。从中可见，两种指标都反映出中国中部和东部沿海省份是公众环境诉求较高的地区。并且从整体上来看，公众对大气污染的关注程度要明显高于其他污染形式，这一方面与中国大气污染形势相对严峻的现状相符合；另一方面也可能是由于大气污染相较于其他污染对个人来说更难以处理和应对的原因。

表4-1　　　　　　　　　各地区公众诉求指标历年平均值

地区	公众诉求指标PD1历年均值（件）			公众诉求指标PD2历年均值（篇）			
	水污染	大气污染	固体废物	环境污染	水污染	大气污染	固体废物
北京	543	7359	70	41	16	65	4
天津	690	4236	105	42	15	26	8
河北	2656	5431	391	71	26	89	9
山西	443	3188	114	110	18	27	7

续表

地区	公众诉求指标 PD1 历年均值（件）			公众诉求指标 PD2 历年均值（篇）			
	水污染	大气污染	固体废物	环境污染	水污染	大气污染	固体废物
内蒙古	315	2152	134	35	10	13	4
辽宁	1813	7452	230	55	21	19	7
吉林	413	3615	128	61	32	17	7
黑龙江	939	3728	150	66	49	17	7
上海	2305	7958	400	38	11	13	3
江苏	7758	16546	771	64	46	26	7
浙江	8242	15643	810	53	18	12	6
安徽	1099	3704	178	33	21	16	4
福建	2349	7403	396	42	8	7	7
江西	2543	3988	269	37	11	7	3
山东	4561	10271	321	64	46	26	7
河南	1530	3609	219	43	16	13	4
湖北	2010	5484	338	68	42	14	6
湖南	2854	3329	751	54	24	16	6
广东	5126	27610	718	91	33	33	12
广西	2474	8260	518	48	12	7	5
海南	118	350	13	42	12	7	3
重庆	1613	7832	280	41	16	11	7
四川	2489	5265	478	49	20	19	6
贵州	336	909	118	72	20	12	9
云南	668	2122	268	39	38	5	4
陕西	684	2504	275	67	33	31	8
甘肃	281	1368	134	53	17	32	5
青海	68	253	95	30	13	13	4
宁夏	206	1041	33	34	13	10	7
新疆	272	1470	107	23	4	19	3

图 4 - 1 和图 4 - 2 是 30 个省市加总得到的环境信访量和环境新闻报道量的时间趋势图。由图可见，环境信访量除 2007 年有明显下降之外，总体上呈现逐年上升的趋势，并且信访纠纷集中在大气污染方面，固体废物污

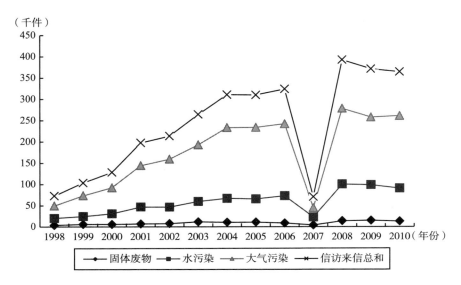

图 4 - 1 1998~2010 年中国环境信访量趋势

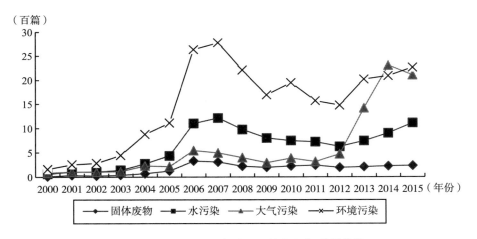

图 4 - 2 2000~2015 年中国环境新闻报道量趋势

染相对较少。另外，就报纸来源的环境新闻报道量来看，整体上也呈现递增趋势，特别是大气污染方面的新闻报道在 2012 年前后出现急剧上升态势，而在 2004~2012 年水污染的新闻报道量要高于大气污染。值得注意的是，2007 年环境信访量下降的同时，环境新闻报道量却出现上升趋势。本书认为造成信访量下降的原因可能与 2008 年奥运会的召开以及在此时期二氧化硫和化学需氧量等主要污染物排放量的下降有直接联系。至于为何环境新闻报道量在此期间却出现上升，可能的解释是在公众环境诉求整体持上升态势的趋势下，环境新闻报道量一定程度上替代了信访量作为公众环境诉求的一种渠道。这也说明特殊时期信访量的下降并非意味着公众诉求程度的下降，其可能通过其他渠道来反映。

（二） 中国地方环境法规的实施效果

当前，国内文献中针对中国环境政策实施效果（环境政策对污染物排放量的控制效果）评价的文献虽然并不多见，但现有文献已经指出中国环境立法的实施效果会受众多因素影响而存在差异。为了进一步考察公众诉求这一非正式约束是否会导致这种差异，本部分首先将利用合成控制方法（synthetic control method）对中国省级层面的环境立法效果进行逐一评估。

（三） 研究假说的提出

本书认为，作为非正式约束形式之一的公众诉求，不仅可以对微观主体的环境行为产生影响，更为复杂的，其可能通过多种途径，作用于正式规制政策运行的制度环境，从而与司法体系、市场机制一起，成为影响正式规制政策实施效果的因素之一。进一步地，本部分提出了如下假说：

假说 4 - 1：关于某种污染物防治的公众环境诉求度越高，该类污染物防治的法规越有可能取得较好的实施效果。

假说 4 - 2：某地区的公众环境诉求度越高，该地区实施的环境法规越有可能取得较好的实施效果。

三、中国地方环境法规实施效果的实证评估

（一） 模型设定

为了得到地方立法在污染防治方面的逐项实施效果，本部分选取了针对大气污染、水污染和固体废物污染三种污染形式的地方性环境法规，舍弃了综合性立法以及有关技术标准和执行措施等的一般性法律规定。参照包群等的做法，如果一项法规在 5 年内存在反复修订和调整的情形，本书

将该法规视为同一项立法；否则，修订时间间隔在 5 年及以上的，将其视为两项不同的针对同一污染形式的立法，分别评估其实施效果。

学术界对于事件或政策影响的研究常采用倍差法来估计。然而，众多学者（Bertrand and Mullainathan，2004；Abadie and Gardeazabal，2003；Abadie et al.，2010）都指出倍差法在对照组选择上存在主观性强等缺陷。首先，倍差法对对照组的选择存在主观性和随意性，而估计结果又严重依赖于所选择的对照组，由此导致估计偏差；其次，无法克服政策内生性问题，即处理组与对照组之间存在系统性差别，而这种差别恰好是处理组政策发生的原因；最后，倍差法通常依赖于较长时间段的数据，对数据和样本量的要求较高。

针对这一缺陷，阿巴迪（Abadie）等学者提出了一种基于数据选择对照组来评估政策影响的方法——合成控制法（synthetic control method）。该方法与倍差法相比其优势在于：一是扩展了传统的倍差法，是一种非参数的方法；二是在构造对照组的时候，利用数据来决定权重大小，从而减少了主观判断。这一方法的原理是，通过对多个对照组加权而构造出一个良好的优于主观选定某个对照组的合成对照组，利用对所有对照组数据特征构造出反事实状态，能够明确显示出处理组和合成对照组在事件或政策发生前的相似程度。这一反事实状态是根据对照组各自贡献的一个加权平均，权重的选择为正并且加总之和为 1，因此，合成控制法具有透明和避免过分外推的优点。另外，该方法不依赖于可用时间段长短以及可对照个体数量多少而依然能够展示政策效应的外推估计。近年来，国内学者也开始逐渐采用合成控制法，如苏治等（2015）利用该方法检验了通货膨胀目标制是否有效；刘甲炎等（2013）利用该方法评估了中国房产税试点的效果；王贤彬等（2010）利用该方法评估了重庆直辖市划分的政策影响等。

在区分一项环境法规发生的处理组和没有法规影响的对照组方面，本章的做法是：在 t_0 时期某项环境法规出台的地区 1 为处理组，而在 t_0 时期及其之前 3 年，以及之后 3 年均没有控制同一类污染形式的法规颁布的省份为潜在对照组（假设有 K 个），最后利用这些省份合成一个对照组。令 P_{it}^N 表示地区 i 如果在时间 t 没有相关环境立法时的污染物排放

量，P_{it}^I 表示地区 i 如果在时期 t 存在相关环境立法时的污染物排放量。设定模型为

$$P_{it} = P_{it}^N + \alpha_{it} D_{it}, \quad 其中 \ D = \begin{cases} 1, & 如果 \ i = 1, \ t > t_0 \\ 0, & 其他 \end{cases} \quad (4-1)$$

对于没有相关环境立法出台的地区，$P_{it} = P_{it}^N$；本章的研究目的是评估对于地区 1 在 t_0 时期立法生效之后该项立法对相关污染物控制的效果，即评估系数 α_{it}，在 $t > t_0$ 时，$\alpha_{it} = P_{it}^I - P_{it}^N$。由于变量 P_{it}^I 可以被观测到，因此需要进一步估计反事实的变量 P_{it}^N。按照阿巴迪等提出的模型，P_{it}^N 可以被看作

$$P_{it}^N = \delta_t + \theta_t Z_i + \lambda_t \mu_i + \varepsilon_{it} \quad (4-2)$$

其中，δ_t 是时间趋势，θ_t 是不受立法影响的控制变量，λ_t 是一个 $(1 \times F)$ 维无法观测到的公共因子向量，μ_i 是 $(F \times 1)$ 维不可观测的地区固定效应，ε_{it} 是每个地区观测不到的短期冲击，均值为 0。为了得到反事实的状态 P_{it}^N，需要求解一个 $(K \times 1)$ 维权重向量 $W^* = (w_2^*, \cdots, w_{K+1}^*)$，其中对任意 i，满足 $w_i \geq 0$，$i = 2, 3, \cdots, K + 1$，且 $w_2 + w_3 + \cdots + w_{K+1} = 1$。该权重向量中的每一个特殊取值代表对第 1 个地区的一个可行的合成控制，它是对照组内所有地区的一个加权平均。用 W 作为权重的每一个合成控制的结果变量为

$$\sum_{i=2}^{K+1} w_i P_{it} = \delta_t + \theta_t \sum_{i=2}^{K+1} w_i Z_i + \lambda_t \sum_{i=2}^{K+1} w_i \mu_i + \sum_{i=2}^{K+1} w_i \varepsilon_{it} \quad (4-3)$$

假设可以选择一个向量 $(w_2^*, \cdots, w_{K+1}^*)'$，使得

$$\sum_{i=2}^{K+1} w_i^* P_{i1} = P_{11} \cdots, \quad \sum_{i=2}^{K+1} w_i^* P_{it_o} = P_{1t_o}, \quad 并且 \ \sum_{i=2}^{K+1} w_i^* Z_i = Z_1 \quad (4-4)$$

可以证明如果 $\sum^{t_0} \lambda'_t \lambda_t$ 为非奇异的，那么

$$P_{it}^N - \sum_{i=2}^{K+1} w_i^* P_{it} = \sum_{i=2}^{K+1} w_i^* \sum_{s=1}^{t_o} \lambda_t \Big(\sum_{n=1}^{t_0} \lambda'_n \lambda_n \Big)^{-1} \lambda'_s (\varepsilon_{js} - \varepsilon_{1s}) - \sum_{i=2}^{K+1} w_i^* (\varepsilon_{it} - \varepsilon_{1t})$$

$$(4-5)$$

阿巴迪等（Abadie et al.，2003）证明在一般条件下，上面等式右边将趋近于 0，因而，对于 $t_0 < t \leq T$，可以用 $\sum_{i=2}^{K+1} w_i^* P_{it}$ 作为 P_{it}^N 的无偏估计来近似，因此 α_{1t} 的估计可以写为 $\hat{\alpha}_{1t} = P_{1t} - \sum_{i=2}^{K+1} w_i^* P_{it}$。

（二）数据说明及实证结果

在污染物排放数据方面，本章选取了各省份二氧化硫排放总量（SO_2）、化学需氧量排放量（COD）以及工业固体废物排放量（Solid），作为针对大气污染、水污染和固体废物污染环境法规实施效果的评价对象。虽然，地方环境立法早在 20 世纪 90 年代初就开始出现，但考虑上述数据的可得性，本书将评价时间设定在 2000～2011 年。同时，由于合成控制法在将多个潜在对照组加权构造一个与处理组完全类似的控制对象时，权重的选择要求为正数，且加总之和为 1，所以当处理组地区的特征向量远离其他地区特征向量组的凸组合时，则找不到合适的权重来构造处理组地区。因此，对比各省份前述各种污染物排放数据，本书剔除了在政策评价阶段污染物排放量超高的省份，亦即不适宜用其他省份数据加权合成的省份。这些省份是针对大气污染防控的山东省、固体废物污染防控的山西省，以及针对水污染防控的广西壮族自治区。通过梳理各省份在 2000～2011 年出台的防控上述污染物的针对性环境立法，最后确定了 30 个省市 54 件地方性环境立法的评估。

为了对这 54 件环境立法的实施效果进行逐一评估，同时考虑不同地区立法出台的时间不同，本书的研究不同于通常将处理组混合研究的方法，而是采用逐一构建每一项环境立法出台地区的合成控制地区，政策影响由每一个立法实施地区和其合成控制地区污染物排放量自然对数的差值来衡量。以江苏省为例，2009 年该省通过了《江苏省固体废物污染环境防治条例》，本研究使用 2007～2008 年的工业固体废物排放量的数值以及人均 GDP 的对数值和人均 GDP 对数值的平方项作为预测控制变量来合成江苏省的反事实情况。潜在对照组选择前后三年，即在 2007～2012 年没有固体废物污染防治相关立法实施的省份。江苏省该项环境立法的实施效果通过 2009 年后该省实际和其合成控制对象固体废物排放量对数值的差值来体现。

　　图4-3是部分处理组省份及其合成省份在环境立法出台前后三年的污染物排放量情况。其中，垂直虚线代表了环境立法出台的时间，虚线左侧能够反映处理组省份与其合成省份的拟合相似程度，右侧实线与虚线的差异代表了政策出台后对污染物排放控制的效果。利用合成控制法对54件地方环境法规进行效果评估后，本书得到了一些有价值的发现。

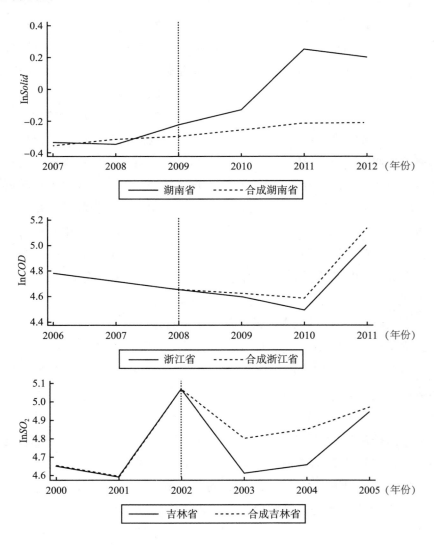

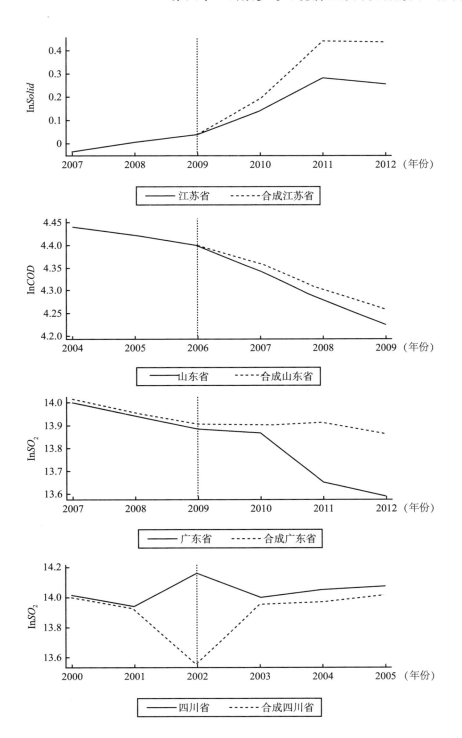

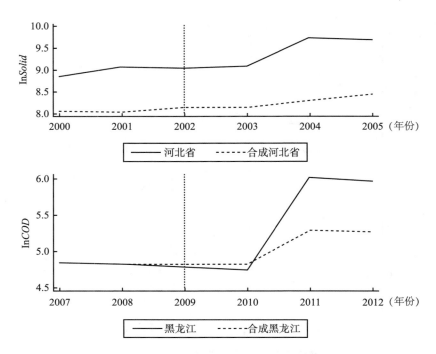

图4-3　部分处理组省份和合成省份的污染物排放量

（1）并不是所有合成控制省份都能很好地拟合处理组省份。如江苏、浙江、吉林、山东四省在虚线左侧处理组与合成控制对象排污量情况非常接近；但广东、四川、河北三省在虚线左侧处理组与合成控制对象的差异比较大，显示相应环境政策前的拟合效果不理想。

（2）对于处理组与合成控制对象拟合差异较大的环境法规评估，在虚线右侧会出现两种情况：一是实际的排放量整体上大于拟合的排放量；二是实际的排放量整体上小于拟合的排放量。由于合成控制对象在立法前期不能很好地拟合处理组省份，我们无法得知排放量变化是因为政策效果还是因为拟合的原因。但是许多文献指出对于合成控制对象无法很好拟合处理组对象的情况，政策实施之后的变量差值很有可能是因为拟合不好而导致，与政策效果无关（Bertrand et al.，2004）；同时这也说明普通的倍差法存在缺陷，将其他地区加权都无法拟合出可靠的对照组，主观选择单一的地区作为对照组估计势必造成对政策的高估（Abadie et al.，2003）。鉴于此，对于拟合不好的处理组的相应环境立法，本书认为没有可靠证据表明该政策对污染控制有效。

（3）按照上述表述，对地方环境立法的评估结果可以分为两类：一类是拟合效果好、政策通过有效性检验，表明该项环境法规出台确实控制了相应污染物排放；另一类是没有证据表明该项环境法规有显著实施效果，包括拟合程度差和拟合虽好、但政策效果不显著的情况。

（4）利用环境法规出台前后的 RMSPE（root mean square prediction error）值，即反映处理组与合成对象之间拟合差异度的指标，本书对拟合效果较好的处理组进一步进行了验证有效性的安慰剂检验。安慰剂检验是对没有出台相应环境立法的省市，假设其与处理组地区在相同的年份通过了同样的环境立法，然后再根据合成控制法利用其与其他对照组构造这个地区的合成控制对象，得到该地区与其合成对象污染排放量的差异。如果处理组的差异显著高于安慰剂检验中的差异（这种差异具体可以用政策后期和前期的 RMSPE 比值来反映），则证明排放量的差异是由于政策因素导致。以江苏省针对固体废物污染而出台的环境法规为例（见图 4－4），假设在合成江苏省过程中权重最大的省份湖南省也在相同年份出台了同样的法规，发现其 2009 年之后并没有像江苏省一样出现显著的政策效果，证实江苏省该项环境法规的实施有效。安慰剂检验后结果发现，在 54 件地方环境法规中，显著有效的环境法规有 24 件，其中大气污染防控方面的立法 7 件，固体废物污染防控的立法 6 件，水污染防控的立法 11 件。就省份分布来说，大气污染防控立法有效的省份是天津、辽宁、吉林、江苏、浙江和广东。固体废物污染防控立法有效的省份是天津、吉林、江苏、安徽、福建和广

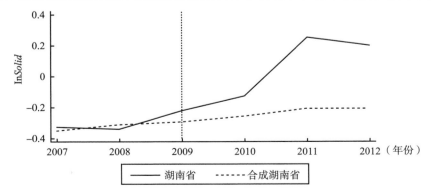

图 4－4　江苏省针对固体废物环境法规的安慰剂检验（以湖南为对象）

东。水污染防控立法有效的省份是吉林、江苏、浙江、福建、广东、重庆、四川、新疆、山西和山东（有两项评估的水污染立法都有效）。由此可见，立法有效的省份大多分布在我国东部沿海省份。由表 4-2 可见，大气污染方面的环境法规立法有效的比例最高，其次是水污染和固体废物污染。但总体而言，立法有效的法规数占比相对较低，只有 44.44%，反映了中国书面法规的执行效率差强人意。

表 4-2　　　　　　　　　中国地方环境法规实施效果

地方环境法规	大气污染	水污染	固体废物污染	合计
评估件数	15	24	15	54
证实有效的法规件数	7	11	6	24
占比（%）	46.67	45.83	40	44.44

四、公众诉求对中国地方环境法规实施效果影响的实证检验

（一）模型设定及检验结果

根据上述对中国 54 件地方环境立法的评估结果，本部分将利用二元离散选择模型估计公众诉求对环境立法有效性的影响。具体来说，本书选取 Probit 模型进行实证分析，定义该模型的概率 p_i 为

$$p_i = P(y_i = 1 \mid X_i) = F(y_i) = \frac{1}{\sqrt{2\pi}} \int_{-\infty}^{y_i} e^{-t^2/2} dt \qquad (4-6)$$

其中，y_i 是离散变量观测值，在本研究中代表某件环境立法是否有效，只取 0 和 1 两种结果。X_i 是解释变量列向量，在研究中我们主要考察公众诉求相关指标。具体来说，我们计算出控制某类污染形式的具体法规，在出台当年关于此种污染形式的环境信访量（$PD1$）或环境新闻报道量（$PD2$），占当年此类污染形式总体环境信访量或环境新闻报道量的比重（记为 $PDR1$、$PDR2$），以此来构造截面个体数据结构（由于政策评价是法规出台年份之后，而公众诉求指标选取在法规出台当年，因此公众诉求指标相对于实施效果评价的年份是滞后的）。y_i 的结果是一次贝努力

（Bernoulli）试验，服从两点分布。据此，本章构建的计量检验模型如下：

$$P(y_i = 1) = \varphi(\alpha_1 + \alpha_2 X_i + \sigma_i) \qquad (4-7)$$

Probit 模型使用了极大似然方法（MLE）估计，该方法下的估计量具有一致性和渐进有效性。虽然研究中不具备大样本的数据结构，但是现有文献尚没有明确规定在该种方法下样本量的要求及相应的估计风险问题。并且我们也发现在使用离散选择模型进行医学统计分析的文献以及计量经济学有关教材中，也存在众多利用小样本建立 Probit 模型的情况（邬子林等，2014；董如建等，2015）。相关变量的统计性描述如表 4-3 所示。

表 4-3　　　　　　　　　　相关变量的描述性统计

变量名	定义	样本量	最大值	最小值	均值	标准差
PD1	环境污染纠纷信访来信总数	390	70873	26	8009.55	10222.86
PD2	环境新闻报纸报道量	450	193	0	48.79	38.26
PDR1	某省份某年度某类污染形式环境信访来信总数占本年度某类污染形式所有信访量的比重	43	0.21	0.0005	0.05	0.05
PDR2	某省份某年度某类污染形式环境新闻报道量占本年度某类污染形式环境新闻报道量的比重	49	0.22	0	0.05	0.04
Y	某省份某年度抑制某种污染形式的环境法规是否有效	54	1	0	0.44	0.50
GDP	人均国内生产总值	450	78989	2364	16818.42	14166.39
EDU	普通高等学校在校生人数占总人口比重	450	3.565	0.12	1.08	0.73
AGE	14～65 岁人口所占比重	300	80.18	63.46	71.63	3.81
GENDE	人口中男女性别比（女性=100）	450	94.92	114.17	103.56	3.11

由表 4-4 离散选择模型的检验结果可以发现，以环境信访量指代公众诉求的指标（PDR1）对环境法规有效性的概率具有显著的正向影响。亦

即以环境信访量作为代表的公众环境诉求度越高，该项环境法规越可能取得较好的抑制相应污染物排放的效果。由于 PDR1 指标同时包含了地区和防控污染物形式两个维度上的公众诉求数据，因此验证了本书前述的两个假说。即关于某种污染形式防控以及某地区的公众诉求度越高，该地区出台的防控该种污染形式的环境法规越有可能实施有效。

表 4 - 4　　　　　　　　　　二元离散选择模型检验结果

解释变量	Probit 模型	Probit 模型	Logit 模型	Logit 模型
常数项	-0.45 (-1.6)	0.06 (0.22)	-0.74 (-1.59)	0.09 (0.21)
PDR1	7.01** (1.96)		11.64** (1.75)	
PDR2		-2.94 (-0.68)		-4.54 (-0.67)
LR chi2	3.21 (0.07)	0.49 (0.48)	3.25 (0.07)	0.47 (0.49)
预测准确率	70%		70%	
边际影响	2.78		2.90	
N	43	49	43	49

注：** 代表了 5% 显著性，变量系数下方括号内为 z 值，LR 统计量括号内为 p 值。将环境信访量数据和环境新闻报道数据与评估过的环境法规数据相整合后得到，以环境信访量为样本的截面数据 43 个，以环境新闻报道为样本的截面数据 49 个。

由表 4 - 4 可见，该模型 LR 统计检验结果通过了模型总体显著性检验，模型的预测准确率达到 70%。另外，以环境新闻报道量指代公众诉求的指标（PDR2）对环境法规的有效性并没有表现出显著的影响，模型的总体设定也不显著。第 3、第 4 列是利用 Logit 模型的估计结果，可以发现两种模型并没有出现显著差异，表明了估计结果的稳健性。本书进一步计算了 PDR1 的边际影响，发现以环境信访量作为指代的某省份关于某种污染形式的公众诉求度若增加 0.1，则该省份在该年份出台相应环境法规实施有效的概率会增加 27% 以上。

上述实证检验结果基本上支持了本书先验性的假说，即源于非正式制度的公众诉求会影响环境政策的实施效果。当然，从结论上看，这种影响跟公众环境诉求的具体形式还有密切联系。以环境信访形式为代表的公众诉求会影响地方环境法规的实施效果，但以环境新闻为代表的公众诉求则没有表现出明显的影响。如何解释这一结论，本章认为可能有以下几方面原因。

第一，公众环境诉求是公众环境意识的具体体现，而无论是理论分析还是通过抽样调研都指出，环境意识对个体行为有直接影响。因此，伴随着公众环境诉求的上升，在政府管制措施之外，公民自愿性的环境友好行为蔚然成风，为环境政策实施营造了良好的环境。另外，公众环境诉求，对政府的环境治理行为带来压力，使其在政策监管和执行方面都更有效率，于是这种"自下而上"的公众压力能够促进"自上而下"政策的有效执行。

第二，目前中国公众参与环境治理的有效形式依然停留在举报、信访和诉讼等传统形式上，以信息披露为主要形式的公众参与尚未成为主流，意味着中国公众参与制度虽然正在逐步建立起来，但距离"私人部门与政府协商互动决定公共事务"的理想化参与形式尚有很大距离。

第三，环境信访活动是公众环境诉求和环境参与较为直接和相对强硬的方式，本质上与环境意识水平息息相关。鉴于信访制度本身的效率问题以及合法性问题一直饱受争议，本书虽然证实以环境信访为代表的公众诉求对环境法规有效性有显著影响，但并不是突出信访制度本身的积极效应，而是强调其背后的环境意识及其代表的非正式约束的重要作用。同时这也提醒我们，今后加强公众环境意识培养、建立表达公众环境诉求的多渠道方式是十分必要的。

（二）公众环境诉求及其相关因素的进一步分析

为了进一步分析影响公众诉求的有效途径，本书检验了公众诉求与地区发展指标之间的联系。具体来说，选取了人均收入水平（GDP）、高等教育水平（EDU）、人口年龄结构（AGE），以及人口性别比例（GNDER）等衡量地区发展程度的指标，检验其与公众诉求相关变量之间的关系。根据 Hausman 检验结果，构建了面板个体固定效应模型，各变量的描述性统计可如表 4 - 5 所示。

表 4 - 5　　　　　　　　公众诉求与地区发展程度指标关系

解释变量	PD1	PD1	PD2	PD2
GDP	0. 120 ** （1. 94）	0. 081 （0. 92）	− 0. 0004 *** （ − 2. 66）	− 0. 0006 *** （ − 2. 76）
EDU	3471. 332 *** （3. 02）	3086. 769 * （1. 71）	58. 233 *** （12. 52）	55. 923 *** （7. 60）
AGE		272. 89 （0. 78）		90. 988 （0. 63）
GENDER		− 11. 23 （ − 0. 42）		− 55. 955 （ − 0. 70）
样本量	390	390	450	450
R^2	0. 164	0. 304	0. 244	0. 392
Hausman 检验	10. 66 （0. 005）	10. 38 （0. 015）	68. 23 （0. 000）	37. 98 （0. 000）

注：*，**，*** 分别代表了 10% 、5% 和 1% 的显著性，变量系数下方括号内为 t 值，Hausman 检验括号内为 p 值。

　　由表 4 - 5 可见，在上述四个地区发展指标中，教育水平与公众环境诉求的联系最为显著、影响程度也最大，表明地方教育水平提高能够显著提升公众参与和环境关心程度。地方人均收入水平对公众环境诉求也有一定影响，但影响程度较小。另外，人口结构，包括年龄结构和性别比例对公众环境诉求的影响并不显著。这说明，当前提高公众环境诉求的切实可行的手段是大力提高教育水平。借助于教育和文化手段，提升公众环境意识，促进公众更广泛地参与到环境保护和环境治理的过程中，给予政府环境治理以无形压力，最终能够形成"自上而下"环境规制政策实施的有利环境，为发展中国家的环境治理模式开启新的途径。

五、公众环境诉求影响地方环境法规实施的主要结论

　　本节利用公众环境诉求的相关指标，实证检验了这一基于环境意识层面的非正式约束是否促进了中国地方环境法规实施的有效性。在论证方法

上，本节首先将公众环境诉求区分为举报诉讼和信息披露两种形式，分别以环境信访量和环境新闻报道量的指标来表示。其次，利用合成控制方法，定量评估了 2000～2011 年中国地方出台的针对大气污染、水污染和固体废物污染防控的 54 件环境法规的实施效果。发现总体上中国环境法规的执行效果不佳，大气污染方面的法规有效性要高于其他两种污染形式。最后，我们将研究重点放在了那些执行有效的环境法规方面，希望找寻影响其执行效果的背后因素是什么。通过建立一个二元离散选择模型，本节发现以环境信访量指代的公众诉求对环境法规实施效果有显著的积极影响，意味着公众对某一类污染问题诉求度越高，针对这类污染的环境法规越可能实施有效。进一步地，本节还考察了公众环境诉求与地方发展指标之间的相关关系，发现地方教育水平与公众环境诉求的联系最为密切。因此，推进地方教育水平将是构建环境非正式约束的有力手段。

本节的研究结论对于当前发展中国家环境治理模式创新具有如下意义和启示：在正式制度薄弱的背景下，发展中国家如何提高环境政策实施效果、推进环境治理水平，可以考虑基于教育、文化和意识层面上的非正式制度建设作为突破口。中国传统文化中一直尊崇"道法自然，天人合一"的思想，强调人与自然的和谐共处。将这种朴素的环境意识与现代教育水平的进步相结合，有利于在全社会范围内形成广泛的公众环境关心和环境参与气氛。在公众环境诉求不断提高的背景下，个体的环境行为不断改善，对政府的环境治理形成一定压力，综合来看也会影响环境政策的实施效果。如此，发展中国家在不断完善自身正式制度的建设之外，还可以深入挖掘包含意识体系在内的非正式制度因素，发扬其在传统文化和宗教习俗等方面的自身优势。同时，从文化和教育手段入手，提高公众环境意识水平、环境关心程度以及环境参与度等，利用非正式约束的渠道提高环境政策的执行效果。由此开创出一条独特的、更适宜发展中国家的环境治理模式和机制。

当然，本节的研究还存在很多缺陷：在环境新闻报道量方面本书只考虑了报纸来源的数据，而考虑到近年来互联网技术发展及其在大众舆论和传媒中的作用，考虑网络搜索数据或利用大数据技术展示源于信息披露的公众环境诉求或许能够更加全面和准确，而这也将成为后续的研究内容。

第二节　公众环境诉求对污染物排放的影响
　　　　——以北京市为例

一、假说的提出

由前述分析可见，公众诉求作为公众参与的一种表现形式，其对社会治理影响的理论基础来源于制度经济学理论，以及政治学领域的"治理"理论。从制度经济学视角看，公众参与作为一种非正式制度，影响和约束所有主体的行为选择，并能够更大程度上节省交易费用，对正式制度的执行起到补充、修正和支持等作用。而政治学领域的"治理"理论则认为，治理不同于统治，它是一种由共同的目标支持的活动，这些活动的主体未必是政府，也无须依靠国家的强制力量来实现。因此，该理论尤其强调多元主体的博弈、共商和合作等协同治理的行为，其中，公众及其社会化组织能够弥补政府和市场应对公共问题的缺陷，是协同治理中最重要的主体之一。目前，已有相当多的文献从实证角度检验了公众环境关注、公众环境诉求，以及公众环境参与对环境污染排放、政府环境治理行为和环境政策实施效果等的影响。综合这些研究结论，本书认为公众环境诉求对环境治理的作用途径，主要是通过对个人、企业以及政府的影响而直接或间接产生的，并最终表现在相关污染物的排放上。首先，公众环境诉求是公众环境意识的外在表现，而环境意识可以直接改变环境行为，表现为各主体直接排放的污染物以及作为利益相关者所主导的企业和组织等机构排放的污染物的下降。其次，公众环境关注以及环境诉求，对企业和政府形成非正式规制压力和监管约束，促使企业技术进步和产业升级，督促政府加强环境规制措施并加大治理投资，从而间接地实现污染物排放量的下降。

鉴于公众环境诉求对污染物排放量的直接和间接作用，提出如下假说。

假说4－3：公众环境诉求直接作用于污染物排放量的下降。

假说4－4：公众环境诉求通过各种中介效应间接地作用于污染物排放

量的下降。

这里值得说明的是，公众诉求间接作用的途径和中介效应的表现可能是多样的。本书主要考察公众环境诉求通过产业结构升级、技术进步和增加政府支出而产生的中介影响。

二、公众环境诉求对污染物排放影响的中介效应检验

巴伦和肯尼（Baron and Kenny，1986）指出，如果自变量 X 对因变量 Y 的影响不仅直接产生作用，而且通过中介变量 M 产生作用时，一般通过构建 3 个回归模型来检验这种中介效应是否存在。首先是 X 对 Y 回归，如果回归系数显著，则表明 X 与 Y 之间存在线性关系。然后令 X 对 M 回归，如果回归系数显著，则表明 X 与中介变量 M 之间存在线性关系。最后令 X 和 M 对 Y 回归，如果中介变量的回归系数显著，则能够证明中介效应存在；如果 X 的回归系数不显著，则是完全的中介效应，反之则存在部分中介效应。由前述分析可见，主要解释变量"公众环境诉求"与被解释变量"污染物排放量"之间可能存在双向因果关系；并且考虑到当期污染物排放量会受到上一期排放量的影响这一因素，因此，将使用阿雷利亚诺和博威尔（Arellano and Bover，1995）提出的动态面板模型，以解释变量"公众环境诉求"作为内生变量，以其滞后项作为工具变量，采用两步稳健系统广义矩（GMM）估计方法，建立如下 3 个模型：

$$\ln SO_{2it} = a_0 + a_1 \ln SO_{2it-1} + a_2 \ln EA_{it} + \delta_{1it} \qquad (4-8)$$

$$\ln M_{it} = \beta_0 + \beta_1 \ln M_{it-1} + \beta_2 \ln EA_{it} + \delta_{2it} \qquad (4-9)$$

$$\ln SO_{2it} = \gamma_0 + \gamma_1 \ln SO_{2it-1} + \gamma_2 \ln EA_{it} + \gamma_3 \ln M_{it} + \delta_{1it} \qquad (4-10)$$

被解释变量"污染物排放量"使用二氧化硫年均浓度值指标（SO_2）。M 是要考察的中介变量，这里主要考察产业结构、技术进步以及政府支出的影响。其中，考察"产业结构"的中介效应，本书使用了"规模以上工业产值占 GDP 的比重"（记为 IND）这一指标；考察"技术进步"的中介效应，本书使用了能效指标即——"单位 GDP 的能源消费总量"（记为 ENE）；考察"政府支出"的中介效应，本书使用了"政府公共预算支出"

（记为 EXP）这一指标。所有指标数据均来自各年度《北京市区域统计年鉴》。对于主要解释变量——公众环境诉求指标，本书使用了前述利用文本分析方法获得的北京市网络问政平台上的公众环境诉求指标，相关描述性统计见第二章第二节中表 2 - 6。

表 4 - 6 是上述 3 个模型的回归结果。其中，第 2 列是模型 1 的回归结果，第 3 ~ 5 列是模型 2 分别以产业结构、技术进步以及政府支出作为中介变量的回归结果，第 6 ~ 8 列是模型 3 分别考察产业结构、技术进步以及政府支出的中介效应的回归结果。从中可见：（1）公众环境诉求对二氧化硫的排放有直接而显著的负向影响，亦即公众环境诉求上升会直接导致二氧化硫排放量的下降，这验证了假说 4 - 1。（2）公众环境诉求对变量 IND、变量 ENE 的系数显著为负，对变量 EXP 的系数显著为正。这表明公众环境诉求对促进产业结构升级、带动技术进步进而提高能效，以及增加政府支出都有显著的正向影响。但就弹性系数来看，公众环境诉求对产业结构和技术进步的作用力度较小，分别只有 0.06 和 0.03；但对政府支出的作用力度较大，弹性系数为 0.24。（3）模型中以产业结构和技术进步作为中介变量的回归系数并不显著，说明公众环境诉求通过这两个途径间接地影响污染物排放的作用并不显著。（4）模型中以政府支出作为中介变量的回归系数显著为负，表明政府支出的增加可以显著降低二氧化硫浓度。同时，加入政府支出的中介变量后，公众环境诉求的影响与模型 1 相比显著减小，这表明公众环境诉求对污染物排放的影响部分是直接的，部分是通过政府支出的增加而间接地造成的，亦即公众环境诉求作用于政府支出的中介效应是存在的，这验证了假说 4 - 2。表 4 - 6 还列出了所有模型的二阶序列自相关以及 Sargan 检验的结果，表明所有模型均接受了"不存在二阶序列自相关"以及"过度约束正确"的原假设，亦即 GMM 估计的工具变量是有效的，模型设定是合理的。

表 4 - 6　　　　　　　　公众环境诉求影响的回归估计结果

解释变量	模型 1	模型 2			模型 3		
	$\ln SO_{2it}$	$\ln IND_{it}$	$\ln ENE_{it}$	$\ln EXP_{it}$	$\ln SO_{2it}$	$\ln SO_{2it}$	$\ln SO_{2it}$
$\ln SO_{2it-1}$	1.01 *** (52.43)				1.01 *** (50.34)	1.04 *** (33.28)	1.00 *** (31.31)

续表

解释变量	模型1	模型2			模型3		
	$\ln SO_{2it}$	$\ln IND_{it}$	$\ln ENE_{it}$	$\ln EXP_{it}$	$\ln SO_{2it}$	$\ln SO_{2it}$	$\ln SO_{2it}$
$\ln EA_{it}$	-0.11*** (-9.22)	-0.06*** (-7.27)	-0.03*** (-7.13)	0.24*** (15.31)	-0.09*** (-10.77)	-0.10*** (-13.87)	-0.08*** (-7.30)
$\ln IND_{it-1}$		0.79*** (18.31)					
$\ln IND_{it}$					0.05 (0.57)		
$\ln ENE_{it-1}$			0.81*** (34.26)				
$\ln ENE_{it}$						-0.03 (-0.34)	
$\ln EXP_{it-1}$				0.19*** (6.07)			
$\ln EXP_{it}$							-0.09*** (-5.21)
常数项	0.06 (0.72)	0.037 (1.38)	-0.09*** (-7.85)	3.36*** (23.25)	0.05 (0.57)	-0.04 (-0.25)	0.50*** (2.65)
AR(2)检验P值	0.75	0.75	0.27	0.38	0.96	0.69	0.48
Sargan 检验P值	0.17	0.21	0.10	0.52	0.10	0.18	0.13

注：解释变量回归系数括号内为 t 值或 z 值。*、**、*** 分别代表10%、5%、1%的显著水平。

综合上述分析，本节验证了北京市公众环境诉求对污染物排放的显著影响。具体来说，这种影响分为直接效应和间接效应：首先，公众环境诉求可以直接作用于经济主体的污染物排放行为，表现为环境诉求上升，相关污染物排放量下降；其次，公众环境诉求给政府环境治理带来了约束和压力，表现为公众环境诉求上升，政府会增加预算支出，环境治理投资加大，给抑制污染物排放带来了显著影响。

前述分析证实，公众环境诉求对推进环境治理提升有重要影响。从抑制污染物排放的角度来说，一方面，公众环境诉求可以直接降低污染物排放；另一方面，使政府面临较大治理压力，通过促进政府支出的增加而间接地实现了相关污染物排放的减少，提升了环境治理水平。

上述结论的得出，对于包括中国在内的发展中国家找寻适宜的治理工具、推进环境治理水平具有许多启示意义：公众参与对于降低污染水平、促进产业结构升级、提高能效来说都有积极影响；但就治理效果来看，公众参与对污染物排放的间接影响主要是通过对政府的作用来产生的。这意味着，发展中国家在利用公众参与提升环境治理水平时，要特别重视并处理好公众与政府之间的关系。如果能够利用公众作为政府行为的约束机制和监管压力，建立良性互动，则发展中国家的环境治理就能弥补正式制度上的缺陷，依然能取得较好的治理效果。

第三节　公众环境关心对公众环境行为的影响

公众参与对环境治理作用机制的一个重要研究领域，是分析公众环境关心对环境行为的作用，即检验环境认知与环境行为之间的复杂关系。虽然"知行合一"是我国文化中推崇的理想模式，但在现实中更常表现的却是"知难行易"或是"知易行难"的状况。在环境社会学领域，目前已经开展了大量相关研究。但是，这些研究普遍采用的是基于社会学或心理学理论上的问卷调查的方法。随着互联网发展和大数据时代到来，评价公众环境关心与环境行为拥有了更加多元化的方法和数据。在此背景下，本书利用环境关键词网络搜索量数据编制得到的公众环境关心指数，以及北京市地铁客运量的时间序列数据，通过建立一个多元变量自回归移动平均模型，实证分析了公众环境关心对以地铁为代表的绿色出行行为的影响，并得到相关结论和政策启示。

一、环境行为研究的相关文献回顾

从范围上来看，环境行为的概念有广义和狭义之分。广义上的环境行为，指的是一切能够影响生态环境品质或环境保护的行为。狭义的环境行为则仅指的是对环境的积极影响方面。从学科划分来看，经济学对环境行为的认定更接近于广义层面。其认为人类社会的一切经济活动都会对生态环境产生作用，而由于外部性存在和生态资源产权特点等因素，人类对环境的作用往往会超过或达不到"有效"的边界。由此，经济学视域下的环境行为被视为未实现"有效"水平的环境影响。与此同时，社会学、心理学和教育学等视域下的环境行为，则更偏重狭义的层面。例如，海茵斯等（Hines et al.，1987）提出了"负责任的环境行为"（responsible environmental behavior）的概念，认为其是一种基于个人责任感和价值观的有意识的行为，其目的在于能够避免或者解决环境问题。斯特恩（Stern，2000）则提出了"具有环境意义的行为"（environmentally significant behavior），认为环境行为存在"影响"和"意向"两个维度，影响导向的定义强调了人的行为对环境产生何种影响，意向导向的定义强调了行为者是否具有环保的动机。除此之外，凯泽（Kaiser，1996）等提出了"生态行为"（ecological behavior）的概念，嘉特斯莱本（Gatersleben，2016），塞巴斯蒂安（Sebastian，2007）等提出了"亲环境行为"的概念（pro-environmental behavior），这些本质上都侧重于人类行为对环境的积极作用，或可称为环境保护行为。

国内学者对环境行为的研究起步较晚，并且大多集中在环境社会学和环境心理学方面。学者中有关环境行为的认识基本上可以归为两派。一派是将环境行为作为环境意识的一个重要维度，认为环境意识应该包括环境知识、环境价值观、环境保护态度以及环境保护行为等（王芳，2007）；另一派则指出区别于环境意识的独立的环境行为的概念，认为环境行为主要指的是作用于环境，并对环境造成影响的人类社会行为，或各种社会行为主体之间的互动行为（崔凤和唐国建，2010）；并指出其应该是一种社会行为，与特定社会的各种因素相关，并以一定的社会关系形式进行，其行为结果不仅会对环境产生影响，而且会影响到其他的社会关系（崔凤和唐国建，2010）。周志家等（2008）指出了这种独立概念的意义，认为若"将环境行为视作环境意识的组成部分之一，那就相当于我们事先已经预设了环境意识对环境行为的影响力，这样就正好回避了我们自己的研究问题——环境意识与环境行为的相关关系"。

在对环境行为定义的基础上，学者们进一步对环境行为进行了类型学研究。赛亚等（Sia et al.，1986）将环境行为分为说服行为、消费行动、生态管理、法律行动以及政治行动5类。史密斯（Smith，1992）将环境行动划分为公民行动、教育行动、财务行动、法律行动、实践行动和说服行动6类。斯特恩（Stern，2000）则根据环境行为的激进程度，将其分为激进的环境行为、公共领域的非激进行为、私人领域的环境行为和其他具有环境意义的行为4类。国内学者崔凤等则以实施方式为标准，将环境行为分为生产型环境行为和生活型环境行为2类（崔凤和唐国建，2010）。

借助于清晰的环境行为分类，有关环境行为影响因素的实证研究得以展开。从社会学和心理学等研究方法上来看，大部分文献都以问卷调查的方式评估受访者的环境行为及其相关影响因素的程度，并利用多元线性回归方程对相关影响因素进行实证检验。例如，孙岩等（2012）针对大连市居民问卷调查的研究发现，环境态度因素中的环境敏感度、个性变量中的环境道德感以及情景因素中的行为约束和公共规范是影响我国城市居民环境行为的最重要变量；李金兵等（2014）针对北京市居民的问卷调查发现，环境意识、环境知识、外界因素以及个性变量等都会对环境行为产生影响，而其中环境意识对环境行为的直接效应最大。彭远春（2015）基于中国综合社会调查数据研究了城市居民环境认知对环境行为的影响，发现两者均处于较低水平，呈现出"知行皆不易"的特征。王薪喜等（2016）基于2013年全国电访民调的数据发现，环境态度、性别因素、年龄因素、公民责任感对居民私人和公共领域的环境行为均有显著影响。

除社会学外，经济学对环境行为影响因素的分析也进行了一些实证研究。就研究方法来看，其可以归为两类：一类是利用反映环境行为的适当指标，建立计量模型，检验某一因素对这一指标的影响。例如，卡恩（Kahn，2007）和科斯塔等（Costa et al.，2013）检验了环境意识对家庭购车行为和电力消费等环境行为的影响。然而，受制于数据可得性等限制，这类研究在国内的开展相对较少。另一类是利用行为经济学和实验经济学方法，通过规则设计和实验结果进行分析。例如，范进等（2012）利用实验方法研究了低碳消费行为的影响因素；陈雨生等（2016）分析了农户环保性农资选择行为的影响因素等。但是，由于实验设计上的困难，此类影响因素的研究较少地涉及环境意识等认知层面的因素。

综观当前有关环境行为影响因素的实证研究可以发现，在经济学方法下，鲜有文献关注环境意识、环境关心或者环境态度等心理认知层面因素对环境行为的影响；而社会学对环境行为的研究却主要集中于这个层面。然而，当前社会学研究主要利用单一的问卷调查方法，难以避免介入性偏差和随机性抽样误差等在该方法下的一些固有缺陷。

二、北京市公众环境关心对绿色出行影响的实证检验

（一）指标编制与数据说明

近三十多年来，环境社会学家一直致力于利用量表设计和问卷调查的方式进行公众环境关心评估。但这类方法却存在介入性偏差较大，容易产生随机性抽样误差、较高的时间成本和人力成本，以及周期长和时效性差等缺陷。并且由于利用该类方法不能动态追踪公众环境关心变化，难以进行较为准确的预测，研究的应用领域大为受限。在互联网和大数据时代下，网络已经逐渐取代传统媒体的部分功能，成为公众获取信息的主要途径之一。由于网络搜索引擎已经有能力记录并存储公众所有的搜索行为，利用相关词汇的搜索量数据，就可以很好地反映公众对某一问题的认知、态度、关心和诉求。前述本书已经利用百度指数上每一环境关键词的搜索量数据，建立了公众环境关心指数及其各内涵指数的评价方法。基于该方法，通过从百度指数上爬取北京市相关环境关键词的整体搜索量数据，获得了北京市公众环境关心指数（eci）及其各内涵指数（$ecci$）的数据。

本书研究的对象是北京市的绿色出行行为。对于城市来说，绿色出行主要包括步行、骑自行车或电动车、乘坐公共交通或轨道交通工具。其中，轨道交通工具是城市绿色出行的一种重要方式。北京市是中国第一个开通地铁的城市，其第一条线路于 1971 年 1 月 15 日正式开通。截至 2017 年 12 月，北京地铁运营线路共有 22 条，在建线路 17 条，覆盖北京市 11 个市辖区，运营里程达 608 千米，设车站 370 座，开通里程位居世界第二。鉴于数据可得性以及数据结构匹配性，本研究以北京市地铁客运量作为指代绿色出行行为的变量。考虑到北京市地铁曾在 2014 年底进行过计程票价

改革，并且近年来每年年底都开通新线路，为避免票价改革的影响，并保持研究期间统计口径的一致性，本部分将分阶段考察公众环境关心指数对地铁客运量的影响。具体来说，第一阶段地铁客运量数据选取 2014 年 1 月 1 日至 2014 年 12 月 27 日，北京地铁公司所辖 14 条线路（1 号线、2 号线、5 号线、6 号线、8 号线、9 号线、10 号线、13 号线、15 号线、八通线、昌平线、房山线、机场线以及亦庄线）的日客运量数据。[①] 第二阶段数据选取 2015 年 1 月 1 日至 2015 年 12 月 31 日，北京地铁公司所辖 15 条线路（除上述 14 条线路外新增 7 号线路）的日客运量数据。第三阶段数据选取 2016 年 1 月 1 日至 2016 年 10 月 25 日，北京地铁公司所辖 15 条线路的日客运量数据。数据来源及方法是通过 Python 编程爬取北京地铁官方网站每日公布的客运量数据，相关数据的统计性描述如表 4 - 7 所示。

表 4 - 7　　　　　　　　　变量的统计性描述

变量	定义	平均值	最大值	最小值	标准差	观测值
eci	北京公众环境关心指数	1.50	11.94	0.57	0.58	1025
ecci1	北京市公众环境态度指数	1.00	2.04	0.09	0.30	1025
ecci2	北京市公众环境污染关心指数	10.48	186.85	3.14	10.67	1025
ecci3	北京市公众环境知识关心指数	0.57	2.03	0.10	0.16	1025
ecci4	北京市公众环境政策关心指数	1.34	4.35	0.09	0.39	1025
ecci5	北京市公众环境参与渠道关心指数	0.62	2.81	0.07	0.19	1025
ecci6	北京市公众替代型环境行为关心指数	1.76	8.46	0.67	0.51	1025
ecci7	北京市公众减少型环境行为关心指数	0.88	1.83	0.19	0.27	1025
cap_{2014}	第一阶段 2014 年地铁客运量（万人次）	797.27	989.00	222.74	140.17	361
cap_{2015}	第二阶段 2015 年地铁客运量（万人次）	774.37	999.14	145.01	163.64	365
cap_{2016}	第三阶段 2016 年地铁客运量（万人次）	816.50	1050.67	143.37	184.22	299

（二）模型设定与检验

客观来说，地铁客运量变动可能受到多种因素影响。本书解释变量除了北京市公众环境关心指数及其各内涵指数之外，还加入了反映法定节假

① 北京市所有地铁线路在 2014 年 12 月 28 日进行了计程票价制改革，因此第一阶段研究时间截至 12 月 27 日。

日和周末日期效应的虚拟变量 w。考虑到模型可能存在遗漏其他重要解释变量而产生的自相关问题，采用了对残差序列构建 ARMA 过程，即采取多元变量自回归移动平均模型（MARMA）的形式，具体模型设定如下：

$$\log cap_{yt} = \alpha_0 + \alpha_1 \log eci_{t-1} + \alpha_2 w + u_t, \ u_t = \varphi^{-1}(L)\theta(L)v_t \qquad (4-11)$$

$$\log cap_{yt} = \beta_0 + \beta_1 \log ecci_{t-1} + \beta_2 w + \varepsilon_t, \ \varepsilon_t = \varphi^{-1}(L)\theta(L)\varepsilon_t \qquad (4-12)$$

其中，$\varphi^{-1}(L)$ 为残差序列的 AR 过程，$\theta(L)$ 为 MA 过程。cap_{yt} 分别为不同研究阶段，即 2014 年、2015 年以及 2016 年的北京市地铁每日客运量数据。考虑到可能存在的内生性影响，解释变量中对公众环境关心指数及其各内涵指数取滞后一阶值进行回归。

　　表 4-8 是对研究的第一阶段（2014 年）的回归结果。北京市地铁客运量存在显著的日期效应，表现为在法定节假日或周六、周日时，地铁客运量会显著下降。这说明每当休假时人们会减少选择地铁这种绿色出行的方式。在控制住日期效应后，回归结果发现北京市公众环境关心指数对2014 年北京市地铁客运量的影响虽然为正，但不显著。这意味着整体而言，2014 年北京市公众环境关心对公众地铁出行行为没有显著影响。然而，如果将公众环境关心指数细分为各内涵指数，可以发现，虽然大部分内涵指数对地铁客运量的回归系数都不显著，但以"节约用水""节约用电""节能""节约粮食"和"低碳"为关键词的减少型环境行为关心指数，对 2014 年北京市地铁客运量的回归系数却在 1% 的显著水平上显著为正。其弹性系数为 0.07，意味着北京市公众减少型环境行为关心指数上升1%，北京市地铁客运量则会上升 7%。从模型检验结果来看，各模型的拟合优度都在 78% 以上；回归系数联合显著性检验通过；DW 值和 BG 检验表明残差序列不存在一阶与二阶自相关。这说明模型设定良好，估计有效。

表 4-8　　　　　　　　　第一阶段（2014 年）模型回归结果

解释变量	$\log cap_{2014t}$							
常数项	6.73 *** (145.84)	6.73 *** (157.92)	6.74 *** (102.70)	6.74 *** (156.57)	6.73 *** (158.65)	6.75 *** (157.27)	6.76 *** (142.00)	6.73 *** (176.28)
w	−0.25 *** (−19.75)	−0.24 *** (19.39)	−0.25 *** (−20.15)	−0.25 *** (−19.96)	−0.24 *** (−18.96)	−0.25 *** (−19.43)	−0.25 *** (−19.86)	−0.24 *** (−17.02)

续表

解释变量	$\log cap_{2014t}$							
$\log eci_{t-1}$	0.01 (0.34)							
$\log ecci1_{t-1}$		0.04 (1.22)						
$\log ecci2_{t-1}$			0.00 (0.01)					
$\log ecci3_{t-1}$				0.01 (0.39)				
$\log ecci4_{t-1}$					0.04 (1.58)			
$\log ecci5_{t-1}$						0.02 (1.12)		
$\log ecci6_{t-1}$							−0.03 (−1.09)	
$\log ecci7_{t-1}$								0.07*** (3.22)
R^2	0.78	0.78	0.78	0.78	0.78	0.78	0.78	0.82
F 检验 P 值	0.00	0.00	0.00	0.00	0.00	0.00	0.00	0.00
DW 值	1.98	1.97	1.98	1.98	1.97	1.98	1.98	1.99
BG 检验 P 值	0.30	0.25	0.31	0.32	0.17	0.27	0.38	0.57

注： *** 代表 10% 的显著水平。

表 4 - 9 是对研究的第二阶段（2015 年）的回归结果。2015 年北京市地铁客运量依然存在显著为负的日期效应，其回归系数从 2014 年的 0.25 左右上升为 2015 年的 0.39，日期效应有所加大。另外，北京市公众环境关心指数对 2015 年地铁客运量的回归系数依然不显著。但就各内涵指数而言，北京市公众环境态度指数和环境政策关心指数的回归系数分别在 1% 和 5% 的显著水平下显著为正，其弹性系数分别为 0.07 和 0.04，意味着公众环境态度指数上涨 1%，地铁客运量将上涨 7%；公众环境政策关心指数上涨 1%，地铁客运量将上涨 4%。就模型检验结果来看，所有回归模型的拟合优度都在 89%，系数联合显著性检验通过，残差序列不存在一阶和二阶自相关。说明模型设定良好，估计有效。

表 4 − 9　　　　　　　　第二阶段（2015 年）模型回归结果

解释变量	$\log cap_{2015t}$							
常数项	6.75*** (182.76)	6.76*** (203.24)	6.79*** (138.60)	6.76*** (173.13)	6.74*** (180.80)	6.77*** (181.34)	6.73*** (175.10)	6.76*** (184.67)
w	−0.39*** (−40.82)	−0.39*** (−41.77)	−0.39*** (−40.61)	−0.39*** (−40.41)	−0.39*** (−41.31)	−0.39*** (−41.55)	−0.39*** (−41.30)	−0.39*** (−40.33)
$\log eci_{t-1}$	0.02 (0.64)							
$\log ecci1_{t-1}$		0.07*** (3.14)						
$\log ecci2_{t-1}$			−0.01 (−0.75)					
$\log ecci3_{t-1}$				0.00 (0.16)				
$\log ecci4_{t-1}$					0.04** (2.23)			
$\log ecci5_{t-1}$						0.02 (1.44)		
$\log ecci6_{t-1}$							0.04 (1.52)	
$\log ecci7_{t-1}$								0.01 (0.57)
R^2	0.89	0.89	0.89	0.89	0.89	0.89	0.89	0.89
F 检验 P 值	0.00	0.00	0.00	0.00	0.00	0.00	0.00	0.00
DW 值	2.00	2.00	2.00	2.00	2.00	2.00	2.00	2.00
BG 检验 P 值	0.59	0.13	0.72	0.65	0.24	0.59	0.44	0.63

注：***、** 分别代表 10%、5% 的显著水平。

表 4 − 10 是研究的第三阶段（2016 年）的回归结果。2016 年北京市地铁客运量的日期效应在 2015 年的基础上继续加大，其回归系数由 0.39 上升为 0.43，表明节假日对公众地铁出行的影响在研究期间内不断增加。同时，值得注意的是，公众环境关心指数对 2016 年北京地铁客运量有显著的正向作用，其弹性系数为 0.08，意味着公众环境关心指数上升 1%，北京市地铁客运量将上涨 8%。另外，就各内涵指数来看，公众环境态度、环境政策关心、替代型环境行为关心以及减少型环境行为关心等，都对地

铁客运量有显著的正向影响，其弹性系数分别为 0.06、0.04、0.12 和 0.10。可以看出，公众环境行为关心对地铁客运量的作用要相对更大一些。从模型检验来看，在第三阶段所有回归模型的拟合优度进一步提升为 93%，系数联合显著性检验通过。残差序列不存在一阶和二阶自相关。因而模型设定良好，估计也是有效的。

表 4 - 10　　　　　　　　　第三阶段（2016 年）模型回归结果

解释变量	$\log cap_{2016t}$							
常数项	6.79 *** (110.86)	6.82 *** (112.38)	6.82 *** (97.48)	6.80 ** (107.12)	6.81 *** (111.57)	6.82 *** (108.52)	6.76 *** (103.49)	6.83 *** (118.78)
w	- 0.43 *** (- 46.25)	- 0.43 *** (- 46.11)	- 0.43 *** (- 45.06)	- 0.43 *** (- 45.13)	- 0.43 *** (- 44.53)	- 0.43 *** (- 45.26)	- 0.43 *** (- 47.51)	- 0.43 *** (- 44.98)
$\log eci_{t-1}$	0.08 *** (2.63)							
$\log ecci1_{t-1}$		0.06 *** (3.47)						
$\log ecci2_{t-1}$			- 0.00 (- 0.16)					
$\log ecci3_{t-1}$				- 0.01 (- 0.51)				
$\log ecci4_{t-1}$					0.04 ** (2.38)			
$\log ecci5_{t-1}$						0.02 (0.86)		
$\log ecci6_{t-1}$							0.12 *** (3.99)	
$\log ecci7_{t-1}$								0.10 *** (4.33)
R^2	0.92	0.93	0.93	0.93	0.93	0.93	0.93	0.93
F 检验 P 值	0.00	0.00	0.00	0.00	0.00	0.00	0.00	0.00
DW 值	1.99	1.99	1.99	1.99	1.99	1.99	1.99	1.99
BG 检验 P 值	0.15	0.15	0.17	0.18	0.30	0.14	0.16	0.11

注：*** 、** 分别代表 10%、5% 的显著水平。

从表 4 - 8 至表 4 - 10 的回归结果可以发现：（1）整体上公众环境关心对北京市地铁出行行为的影响在近年来表现得越来越显著，说明绿色出行行为越来越受到公众环境关心这种认知层面因素的影响。这也意味着，从改变个体行为的角度，我国公众环境关心水平对于改进我国环境治理的作用正在日益明显和加大。这种变化趋势提示着当前提升我国公众环境意识和环境关心水平具有重要的现实意义。（2）通过对比公众环境关心各内涵指数，发现这种认知对行为的影响主要来源于公众环境行为关心、环境态度以及环境政策关心。其中，环境行为关心的影响要大于环境态度，而环境态度的影响要大于环境政策关心。这可能是由于环境行为关心是直接影响环境行为的认知层面因素，这种关心可以理解为公众环境行动意向或者环境行动诉求，因此公众环境行为关心的变化对绿色出行的作用最大也最直接。另外，环境态度体现的是环境关心的最基础层面，是一种生态价值观或者环境意识的体现，因而对环境行为有着广泛和一般性的影响。值得一提的是，在各研究阶段都没有发现公众环境污染关心、环境知识关心以及环境参与渠道关心等对地铁客运量的影响，但公众环境政策关心却在2015年和2016年对地铁客运量有显著作用。这说明公众环境行为在一定程度上也受到政府自上而下环境治理政策的影响，公众对这种正式环境规制政策越关注、诉求度越高，就越有可能采取绿色环保行动。（3）通过分阶段的实证研究，本书除了发现公众环境关心对环境行为的影响随时间而趋于加强外，还发现节假日等日期效应对绿色出行的影响也在不断上升。通过比较回归系数可以发现，节假日效应使得地铁客运量下降比率从2014年的27%上升到2016年的53%以上。① 这表明地铁这种绿色出行方式主要承担了通勤出行的功能，并且这种功能在近年来日益显著。或者说，公众选择地铁出行更多的是基于通勤的考虑，环境关心水平虽然会提高地铁客运量，但还没有成为公众选择这一绿色出行方式的主要的和决定性的因素。

三、公众环境关心对绿色出行影响的政策启示

本节从经济学、环境社会学以及环境心理学等视角出发系统分析了公

---

① 2014年日期效应回归系数为0.24左右，意味着每逢节假日地铁客运量会下降27%，2016年日期效应回归系数为0.43，意味着每逢节假日地铁客运量会下降53.7%。

众环境关心对绿色出行环境行为影响的理论机制。在此基础上，利用环境关键词在百度指数上的搜索量数据作为评价公众环境关心水平的指标，以北京市地铁客运量作为指代绿色出行水平的指标，通过构造一个多元变量自回归移动平均模型，实证检验了北京市公众环境关心水平对绿色出行的影响。结果发现：在研究期间，北京市公众环境关心水平对地铁客运量的影响日益显著。在2016年，北京市公众环境关心水平上升1%，会导致地铁客运量增加8%。就公众环境关心各内涵指数而言，研究发现，在2016年公众环境行为关心、环境态度以及环境政策关心等对地铁客运量都有显著而正向的影响。除此之外，实证结果还发现，在研究期间因节假日而导致地铁客运量下降的日期效应正日益加大。

有关环境行为影响因素的研究大多基于问卷调查的方法，本书借助于大数据背景下的网络搜索行为和数据挖掘技术，丰富了这一领域的研究方法，对环境关心、环境意识，以及环境诉求等认知层面的因素会影响环境行为的理论提供了新的经验证据。本研究结论的得出对于提升我国环境治理水平、创新环境治理模式具有重要的现实意义和政策启示。首先，提高公众环境意识、提升公众环境关心水平、畅通公众表达环境诉求的渠道，对于发展中国家的环境治理具有重要意义。这种"自下而上"的、源于公众认知、心理和意识层面的因素，会作用于公众环境行为，使公众对生态环境保护成为一种自愿和自觉的行为，对正式环境政策的执行起到重要的补充和辅助作用。因而，促进和提高包括公众环境关心、公众环境诉求和公众环境意识水平在内的公众参与工作，是提升发展中国家环境治理水平的重要工具。其次，就轨道交通这种绿色出行方式来看，虽然公众环境关心水平对其影响日益明显，但却远未成为主导因素。这提示相关部门，需要进一步突出公共交通出行助力实现绿色环保功能的定位。围绕这个定位进一步完善相关规划和设施建设，同时加大对公众绿色出行的宣传和教育，使公共交通出行成为人们日常绿色消费的重要选择。另外，从具体的公众环境关心的内涵、诉求或指向来看，应当注意到不同的环境行为可能受到上述具体内涵不同程度的影响。因而，宣传和促进某种环境行为，要切实研究背后的行为动机和相关认知层面的影响因素，找准着力点，从认知、心理、态度乃至意识形态入手，全面促进我国生态文明建设和环境治理水平的提升。

第四节 公众环境关心对政府环境行为的影响

一、相关文献回顾

在我国的环境治理体制以政府行政管理为主导的背景下，政府的财政支出安排无疑是推进我国环境治理水平、确保环境公共品提供的重要因素。1994 年的分税制改革形成了我国收入集权、支出分权的财政关系特征，地方政府以"行政发包"的方式（周黎安，2008），承担了包括生态环境在内的绝大多数社会公共品的供给。地方政府作为环境治理责任的主体，其财政支出安排必然受到政府间关系的影响。然而，目前有关地方政府环保财政支出的研究，大部分在税收竞争理论、标尺竞争理论和溢出效应理论下，主要考察地方政府之间横向关系下的策略互动，而较少顾及府际关系变化的影响。例如，陈思霞等（2014）针对我国地市一级的环保财政支出研究发现，地市间环保支出存在显著的"竞争效应"，但跨省地市间的同期竞争效应更加显著。赵娜等（2019）对省级地区的研究发现，环保财政支出存在明显的地区间的策略互动，但表现为"你多投，我少投"的负相关关系。曹鸿杰等（2020）对省级地区的环保财政支出进行了实证检验，但发现地区间的环保财政支出呈现"模仿竞争"的行为，并且实证结果不支持政府间的"逐底竞争"假说。

实际上，政府间关系是理解基层政府环境政策执行异化的关键，提高地方的环境治理水平应推动"以经济增长作为政治合法性主要来源"的发展型政府，向以"多中心治理"为特点的监管型政府转变（姚荣，2013）。党的十八大以来，我国生态文明建设开启了新篇章，突出表现之一就是我国的环境监管体制迎来了重大变革。2015 年审议通过的《环境保护督察方案（试行）》，初步确立了以"督政"为特征的中央环保督察制度，这无疑是我国在环境治理方面由发展型政府转向监管型政府的重要标志。当前有关中央环保督察政策效应的分析已经引起学术界的浓厚兴趣，如李智超等（2021）、刘亦文等（2021）、邓辉等（2021）、王岭等（2019）研究了中央环保督察对大气污染的效应；张彦博等（2021）、赵海锋等（2021）、陈宇超等（2021）、杨柳勇等（2021）、谌仁俊等（2019）研究了中央环保督察与企业技术创新、企业环保投资，以及企业绩效等的关系。但是，从中央环保督察的角度，分析这场"自上而下"的环境监管变革对地方政府行为影响的文献还相对较少。

与此同时，监管型政府有效职能的发挥依赖于多元治理主体的协同参与，其中来自公众这种非正式的、"自下而上"的监督和约束力量不容忽视。近年来，在环境治理领域涌现出越来越多公众参与的研究。就研究方向而言，这些文献大体可以划分为以下四类：一是定性的制度设计研究；二是定量的影响因素分析；三是作用机制的理论模型构建；四是经验性的效应水平验证。其中，尤以最后一类，即经验性的效应水平验证的文献数量居多。根据公众与其他治理主体存在的相互依赖的复杂关系理论，这类实证性的文章逻辑上应当包括检验公众参与对市场主体和政府的环境行为的影响。或者说，这类效果检验的文献主要检验的是公众与其他环境治理主体的复杂互动关系。

就目前国内研究来看，针对公众参与的实证研究主要聚焦于公众环保诉求与地方环境规制水平之间的关系。例如，郑思齐等（2013）研究证实，公众环境关注能够提高地方环境污染治理投资；于文超等（2014）也发现，公众环保诉求将促使地方增加污染治理新增投资；张宏翔等（2020）则分析了公众环保诉求对包括环境规制监管指标、环境规制收益指标以及环境规制支出指标三种规制指标在内的影响及其空间溢出效应。需要说明的是，环境规制的实施虽然大多由政府所主导，但却并非只包含政府行为。因而，这些实证研究并没有单独刻画公众与地方政府行为之间的联系和互动。另外，在实证中指代环境规制的相关指标也并非完全指向政府行为。例如，许多文献利用了环境污染治理投资或污染物排放量作为地方环境规制水平的替代指标，前者确实一定程度上反映了经济个体遵守环境规制的程度（原毅军等，2014），然而该指标的统计口径中不仅包括城镇环境基础设施建设投资、工业污染源治理投资，还包括当年完成环保验收项目的环保投资等，因而其反映的并非完全是政府行为；对于后者，即以污染物排放量（或去除率）作为环境规制的替代指标，其作为环境规制的结果，更非完全指向政府行为了。

总之，鉴于现有针对地方环保财政支出的文献鲜有考量来自公众的横向监督以及纵向监管改革的影响，本节将从公众环境诉求和中央环保督察的视角出发，实证检验两者对地方政府环保财政支出行为的影响及其空间溢出效应，以求进一步探讨我国环境治理机制下公众与政府、中央政府与地方政府之间的互动关系。与已有文献相比，本节可能的贡献在于：一是专注于研究公众与政府行为之间的联系，分析了公众影响的直接和间接途径，利用空间计量模型，实证检验了公众环境关心的空间依赖性和空间溢出效应；二是利用了互联网上相关环境关键词的搜索量数据对公众环境关心进行了测度；三是对地方政府行为的影响因素中加入了中央环保督察这一自然试验的影响，利用多期倍差法，着重考察了中央环保督察中官员问责数量带来的压力对地方环保财政支出的影响。

二、影响机制与理论假说

（一）公众环境关心对本地环保支出的直接影响

公众环境关心是公众参与环境治理的基础。从社会学角度讲，它指的是公众对解决环境问题所需努力的支持程度以及对此作出贡献的个人意愿程度，也可以简单理解为公众环境意识或公众环境态度。从经济学角度讲，公众环境关心反映了公众对环境产品的需求和偏好。或者说，公众环境关心程度越高，公众对于环境公共品的偏好越大。因而，公众环境关心程度越高，地方政府的环保财政支出水平对于提升当地公众整体的效用水平影响就越大。从地方政府的角度来说，由于其行为动机主要是追求经济激励和官员晋升，因而，分析公众对于地方政府行为的直接影响可以从这两个行为动机入手。

首先，从财税激励的角度来看，公众环境关心程度的变化，会通过影响公众对政府环保财政支出的偏好，而改变公众对于居住地的选择。即公众可以利用"用脚投票"的方式对所在地政府提供的环保服务带来的收益和相应的税收负担之间进行平衡（Tiebout and Charles，1956；Oates，1969）。

因而，在人口流动的背景下，政府可以通过优化其财政支出结构来避免人口流失，以免造成税基的损失。

其次，从官员晋升的角度来看，如果上级或中央政府对于官员晋升的考核基于民生福利的最大化，那么公众环境关心程度的提高，也将扩大政府的环保财政支出。这一影响机制也可以利用一个简单的模型来解释。

假设将政府的财政支出预算划分为非环保支出 g_1 和环保支出 g_2（亦可视为追求经济绩效类支出）两类。政府根据上一年的财政收入 y 安排预算支出。公众的效用水平取决于非环保支出和环保支出两类，假设效用函数为 C-D 形式函数，即 $u(g_1, g_2) = g_1^\alpha g_2^\beta$，其中参数 β 反映了公众对环境公共品的偏好，即公众环境关心上升意味着 β 值增加。在上级政府以民生福利最大化作为地方政府考核目标的情景下，地方政府的最优环保支出为 $g_2^* = \beta Y/(\alpha + \beta)$。关于 β 进一步求导可知，$\dfrac{\partial g_2^*}{\partial \beta} > 0$，意味着当公众环境关心上升时，政府会扩大其环保财政支出。

基于上述分析，本研究提出如下假说。

假说 4-5：本地公众环境关心的提升会促进当地政府扩大环保财政支出。

（二）公众环境关心的空间溢出效应

制度经济学家诺思（2014）曾指出，相比正式规制，人们选择的大部分都是由根源于习俗、惯例、规范、文化以及意识形态和价值观等因素的非正式制度来决定的。显然，公众环境关心作为一种反映公众环境意识、环境态度和环境偏好的指标，其同样能够反映出社会对于环境进行非正式规制的程度。非正式制度来自社会传递的信息，公众环境关心也同样传递出社会所广泛持有的环境偏好。正如泰勒等（2018）行为经济学家所言，"如果许多人都持有同一种观点，做同一件事情，那么你会认为他们的观点和做法也是最适合自己的"。因而，公众环境关心作为一种非正式制度的表现，能够形成一定的社会影响，从而也可能在空间上表现出高度的自相关性。即个体在一种广泛的环境社会偏好的影响下，自身的环境偏好也受到影响，表现为公众环境关心程度高的地区，其周围的公众环境关心程度也高；而公众环境关心程度低的地区，其周围的公众环境关心程度也低。在公众环境关心存在空间自相关的前提下，公众环境关心程度高的地区自然会通过影响其他地区的公众环境关心水平，而间接地影响其他地区的环保财政支出。因而提出如下假说。

假说4-6：公众环境关心存在空间正相关效应，本地公众环境关心的提高会促进他地政府扩大环保财政支出。

在解释中国经济增长之谜时，许多学者曾指出政府结构，或者说政府之间的特殊互动关系是其中不可忽略的关键因素（林毅夫等，2000；周业安等，2008）。由此可见，地方政府之间的策略互动关系在研究中国问题中的重要性。正是借助于这种策略互动关系，由公众参与引发的政府行为效应也可能产生空间上的外溢性。在分权体制下，基于标尺竞争和溢出效应理论，我国地方政府的财政支出行为亦可能体现出逐底竞争、支出竞争和支出外溢三种效应。如果上级政府对下级官员的考核以经济增长为目标，地方政府必然围绕经济增长，利用财政支出安排而展开地区之间激烈的竞争。因而，如果将政府财政支出划分为满足企业投资需求的生产性支出和包含教育、医疗和环保等领域的民生福利类支出的话，在经济增长的考核激励下，地方政府必然相互削减包含环保在内的民生类支出，从而形成"你不投，我也不投"的逐底竞争态势。

这种唯GDP考核的方式在我国"十一五"规划前后得到逐步扭转。2005年底国务院发布的《国务院关于落实科学发展观加强环境保护的决定》指出，要落实环境保护领导责任制，提出要把环境保护纳入领导班子和领导干部考核之中。同年制定的"十一五"规划中，明确提出了全国经济社会发展的环境约束性指标，并且将其层层分解，纳入到了地方政府的绩效考核体系之中。2011年，由国务院发布的《关于加强环境保护重点工作的意见》，进一步明确了在生态环境方面的官员问责制和一票否决制。2012年，在《国务院关于印发节能减排"十二五"规划的通知》中，节能减排也正式进入地方政府绩效考核体系和官员问责之中，绩效评价进一步生态化。我国环境管理体制的这种转变无疑对地方政府之间的环保财政支出行为产生重要影响。由于他地政府环保财政支出的增加和由此带来的生态环境绩效的改善，可能会降低本地政府官员获得晋升的机率，因而本地政府的最优策略是模仿他地政府的环保财政支出规模，出现"你投，我也投"的支出竞争效应。

当然，除了地方政府环保财政支出同向进退的策略互动之外，这种社会公共领域的支出安排也可能因为环境改善的空间正外部性，而产生类似"搭便车"的、"你投，我就不投"的负向溢出效应。在地方政府环保财政支出不同的策略互动下，显然，公众环境关心的空间溢出效应也可能有所不同。在本研究假说4-5成立的情况下，如果公众环境关心促进了本地环保财政支出的增加，那么基于支出竞争效应，公众环境关心也会产生促进他地环保财政支出的间接效应。而如果地方政府环保财政支出存在的是负向溢出效应，那么公众环境关心亦可能产生降低他地政府环保财政支出的空间"挤出效应"。基于上述分析，提出如下假说。

假说4-7：地方环保财政支出存在相互模仿的支出竞争效应，公众环境关心的提升促进了他地政府扩大环保财政支出。

假说4-8：地方环保财政支出存在负向空间溢出效应，公众环境关心的提升降低了他地政府的环保财政支出。

（三） 中央环保督察对地方政府环保财政支出的影响

值得注意的是，上述公众环境关心对地方政府环保财政支出的正向影响，是建立在上级政府转变对下级官员考核方式的基础上的。即当中央或上级政府对官员的考核是以民生福利最大化为目标，并且把地方生态环境表现加入地方政府绩效考核和官员问责体系之中时，地方政府才能更加重视倾听"自下而上"的公众声音，并且其环保财政支出才能展现出正向的空间溢出效应。显然，中央和上级政府有关环境管理体制的变革将会深刻影响地方政府的环境行为。

自从党的十八大将生态文明建设纳入中国特色社会主义事业"五位一体"的总体布局以来，以习近平同志为核心的党中央始终把生态文明建设放在治国理政的突出位置。在习近平生态文明思想的指引下，全党全国全社会思想上深刻变革，对生态文明的思想认识程度之深前所未有，我国生态文明建设和环境治理举措开启了新的篇章。党的十八大以来我国生态文明建设的突出表现，可以总结为强化生态文明制度建设，以严格的制度严密的法治保护生态环境。首先，党的十八大审议通过的《中国共产党章程（修正案）》将"中国共产党领导人民建设社会主义生态文明"写入党章，作为行动纲领；党的十八届三中全会进一步将生态文明建设提高到制度层面，提出加快建立系统完整的生态文明制度体系；党的十八届四中全会对生态文明建设从法治上提出更高要求，要求用严格的法律制度保护生态环境。作为落实生态文明建设的顶层设计和总体部署，2015 年 5 月，中共中央、国务院发布了《关于加快推进生态文明建设的意见》。同年 9 月，中共中央政治局审议通过了《生态文明体制改革总体方案》，为我国生态文明建设搭建好基础性指导框架。作为生态文明制度建设"四梁八柱"之一，我国生态环境监管迎来重大变革。2016 年，中共中央、国务院印发《生态文明建设目标评价考核办法》，将生态文明建设目标纳入党政领导干部评价考核体系，彻底改变以前"唯 GDP 论英雄"的政绩观。

2015 年 7 月，中央全面深化改革领导小组第十四次会议审议通过《环境保护督察方案（试行）》，标志着我国环保督察从以"督企""督事"为特征的柔性约束转向以"督政"为特征的刚性执法，从国家层面首次明确提出了环境保护的"党政同责，一岗双责"，抓住了改善地方政府环境行为的"牛鼻子"。根据该试行方案，中央环保督察组组长由党中央、国务院研究确定；督察对象包括各省、自治区、直辖市党委和政府，并可以下沉到有关地市级党委和政府部门；督察内容包括贯彻落实党中央、国务院生态文明建设和生态环境保护决策部署情况、国家生态环境保护法律法规落实情况、突出生态环境问题及处理情况等。中央督察的程序一般包括督察准备、督察进驻、督察报告、督察反馈、移交移送、整改落实和立卷归档等。自 2015 年 12 月启动河北省环保督察试点开始，到 2017 年 12 月，第一轮中央环保督察已经完成全国 31 个省区市的督察全覆盖。在首轮督察中，共约谈党政领导干部 18448 人，问责 18199 人。其中，处级以上干部 875 人，占比 5% 左右。[①]

综合上述分析，本书认为在环保垂直管理体制下，中央环保督察政策

---

① 新京报. 第一轮中央环保督察问责 1.8 万人 处级及以上 875 人 [EB/OL]. (2017 – 12 – 28). https：//baijiahao. baidu. com/s? id = 1587995711142203866&wfr = spider&for = pc.

的实施，以及在督察中切实发生的对官员生态问责情况，将给地方政府带来极大的生态考核压力，这势必引起地方政府的积极回应，改变地方政府"唯 GDP 至上"的执政目标，对地方政府履行环境保护的主体责任带来深刻影响。因而，在对地方政府环保财政支出的影响因素中，加入了中央环保督察这一准自然实验的影响，提出如下假说。

假说 4 - 9：中央环保督察政策对地方环保财政支出有显著的正向影响。

假说 4 - 10：生态问责带来的政治压力对地方环保财政支出有显著的正向影响。

三、模型构建与数据说明

（一）模型构建

空间计量经济学的兴起使检验变量之间在地理空间上的相互依赖关系变得更加便利和准确。为了检验本书所关注的公众环境关心是否存在对地方政府环保财政支出的空间溢出效应，需要构建空间杜宾（Durbin）式的面板模型。另外，由于首轮中央环保督察组进驻各省份的时间不同，为了检验中央环保督察这一准自然实验对地方环保财政支出的影响，本节借鉴了贝克等（Beck et al.，2010）文献所采用的方法，构建了多期双重差分模型（MDID）。具体的计量检验模型如下：

$$FEEP_{it} = \alpha + \rho w'_i \, FEEP_{it} + \beta_1 \, PEC_{it-1} + \beta_2 w'_i \, PEC_{it-1} + \theta_1 \, CEPS_i \times$$
$$D_{t-1} + X'\delta + u_i + \gamma_t + \varepsilon_{it} \tag{4-13}$$

其中，$FEEP_{it}$ 代表 i 地区在 t 时期的环保财政支出占一般支出预算的比重；w'_i 代表空间权重矩阵 W 的第 i 行；PEC_{it-1} 代表 i 地区在 $t-1$ 时期的公众环境关心水平；$CEPS_i \times D_{t-1}$ 指的是 i 地区在 $t-1$ 时期反映中央环保督察政策效果的系列 DID 变量；X 代表其他控制变量组成的列向量；u_i 代表个体固定效应；γ_t 代表时间固定效应；ε_{it} 为残差项。需要说明的是，模型中解释变量采用了公众环境关心水平的一阶滞后项，这是因为被解释变量选用的是支出预算变量，考虑到地方财政支出预算草案提请地方人大审议的时间一般为每年年初的 1 ~ 3 月，而公众环境关心反映的是整个年份公众参与环境治理的状态，因而采用公众环境关心的滞后项更能符合时间逻辑，也能减少由于被解释变量可能存在的对公众环境关心的反向因果关系，或共同受第三方因素影响而带来的内生性问题。在模型中，地方环保财政支出的空间权重系数 ρ 是否显著，代表着地区间的环保财政支出是否存在空间自相关性。在显著的情况下，如果 $\rho > 0$，意味着地区间的环保财政支出存在正向的空间自相关关系，即地方环保财政支出存在正向的空间溢出效应；而如果 $\rho < 0$，则意味着地区间的环保财政支出存在负向的空间自相关关系，即地方环保财政支出存在负向的空间溢出效应。

进行空间计量检验的前提是测定区域之间的空间距离，从而获得空间权重矩阵。根据已有文献，目前空间权重矩阵的构造常基于地理信息的空间相邻，以及反映地区之间经济社会信息的经济距离相邻。本节在构造空间权重矩阵时同时考虑了这两类相邻关系。

具体来说，首先在反映地理相邻关系时，采用了基于经纬度的地理距离矩阵 W'^{xy} 和基于二元相邻关系的地理邻接矩阵 W'^{01}。其中，W'^{xy} 中第 i 行第 j 列元素 $w_{ij}^{xy} = 1/d_{ij}^2$，$i \neq j$，d_{ij} 代表地区 i 和地区 j 以经纬度为基准计算的地区间的直线距离。W'^{01} 为 $0-1$ 矩阵，如果地区 i 和地区 j 直接接壤，则矩阵中的元素 $w_{ij}^{01} = 1$，否则等于 0。

其次，根据标尺竞争理论，地区之间相互模仿的策略行为很大程度上源于地区之间存在的某种经济或其他社会特征上的"相似性"，因而很多学者经常利用经济距离矩阵来研究国内地区之间的空间互动。本节认为，某地的环保财政支出除了可能对与自身经济发展水平接近的地区敏感之外，还可能对与自身污染排放水平接近的地区敏感。因而，在考察经济距离矩阵之外，还考虑了以地区污染水平为代表的污染距离矩阵。具体来说，本节对于经济距离矩阵（W'^{gdpp}），采用了各地区人均 GDP 在研究期间均值（记为 $\overline{gdpp}$）之差的绝对值的倒数，来计算各地区的经济距离，即矩阵中的第 i 行第 j 列元素 $w_{ij}^{gdpp} = 1/\left| \overline{gdpp}_i - \overline{gdpp}_j \right|$。

对于污染距离矩阵，本节首先构造了各地区在研究期间的污染排放指数。借鉴朱平芳等（2011）的做法，定义地区 i 第 k 种污染物（如二氧化硫）的相对排放水平为：$e_{ik} = \dfrac{p_{ik}}{\dfrac{1}{n}\sum\limits_{i=1}^{n} p_{ik}}$。其中，$p_{ik}$ 代表地区 i 第 k 种污染物

的单位地区生产总值的排放强度。因而，一方面，e_{ik} 能够反映地区 i 第 k 种污染物在全国范围内的相对排放水平；另一方面，由于其去掉了量纲，可以在不同类别的污染物之间进行加权平均。由此，在考察污染物类别为 K 的情况下，可以得到地区 i 的污染排放指数 e_i，$e_i = \dfrac{1}{K}\sum\limits_{k=1}^{K} e_{ik}$。对于污染

距离矩阵 W^{re}，如果地区 i 和地区 j 直接接壤，则矩阵中的元素 $w_{ij}^{e} = \dfrac{1}{|\bar{e}_i - \bar{e}_j|}$，其中 $\bar{e}_i$ 代表地区 i 在研究期间污染排放指数的均值。反之，如

果两地区不接壤，则 $w_{ij}^{e} = 0$。在污染物类别选择上，鉴于数据可得性，本节主要使用了二氧化硫、氮氧化物、烟粉尘、废水以及化学需氧量排放量 5 个指标。最后，上述所有空间权重矩阵均经过标准化处理，以使矩阵中每行元素之和为 1。

（二）变量与数据说明

1. 核心解释变量1——公众环境关心

本节关注的重要解释变量是各地区的公众环境关心水平。利用百度搜索指数构建公众环境关心的方法，编制得到中国除西藏和港澳台之外 30 个省、自治区和直辖市的公众环境关心指数。

2. 核心解释变量2——中央环保督察

自 2015 年 12 月，首轮中央环保督察启动河北环保督察试点开始，经过两年时间，到 2017 年 12 月，中央环保督察组分四批完成了对 31 个省（区、市）的首轮全覆盖督察。根据 2017 年 12 月 28 日环保部新闻发布会消息，首轮中央环保督察共受理群众信访举报 13.5 万件，约谈党政领导干部 18448 人，问责 18199 人。为了在模型中反映中央环保督察的影响，即验证前述假说 4-9 和假说 4-10，本节分别考察了两个 DID 核心解释变量。首先是反映中央环保督察政策效应的变量 $CEPS_i \times D_t$。如果 t 时期首轮中央环保督察进驻 i 地区，则 $CEPS_i \times D_t$ 取值为 1，否则为 0。其次，借鉴程宏伟等（2020）对于生态问责中政治压力指标的构建方法，利用各地区

在首轮中央环保督察中的问责官员数量与督察开始时间的乘积项$CEPSnum_i \times D_t$[①]，作为反映在首轮督察中由于官员问责数量而给各地区带来的政治压力程度。首轮中央环保督察对各地区督察的开始时间以及问责官员数量如表4–11所示。表中数据根据中华人民共和国生态环境部网站政府信息公开资料手动整理。

表4–11　　　　首轮中央环保督察组对各地区开始督察时间及问责官员数量

省份	开始时间	问责人数	省份	开始时间	问责人数
北京	2016 年 11 月 29 日	98	河南	2016 年 7 月 16 日	227
天津	2017 年 4 月 28 日	83	湖北	2016 年 11 月 26 日	221
河北	2016 年 1 月 4 日	487	湖南	2017 年 4 月 24 日	167
山西	2017 年 4 月 28 日	117	广东	2016 年 11 月 28 日	207
内蒙古	2016 年 7 月 14 日	124	广西	2016 年 7 月 14 日	141
黑龙江	2016 年 7 月 19 日	170	海南	2017 年 8 月 10 日	135
吉林	2017 年 8 月 11 日	177	重庆	2016 年 11 月 24 日	79
辽宁	2017 年 4 月 25 日	143	四川	2017 年 8 月 7 日	160
上海	2016 年 11 月 28 日	71	贵州	2017 年 4 月 26 日	120
山东	2017 年 8 月 10 日	163	云南	2016 年 7 月 15 日	110
江苏	2016 年 7 月 15 日	137	陕西	2016 年 11 月 28 日	154
安徽	2017 年 4 月 27 日	151	甘肃	2016 年 11 月 30 日	218
浙江	2017 年 8 月 11 日	109	宁夏	2016 年 7 月 12 日	125
江西	2016 年 7 月 14 日	106	青海	2017 年 8 月 8 日	62
福建	2017 年 4 月 24 日	136	新疆	2017 年 8 月 11 日	112

---

① 其中，$CEPSnum_i$代表i地区在环保督察后的官员问责数量；D_t代表环保督察在各地区的开始时间，即环保督察开始当年及以后D取1，开始之前取0。由于被解释变量为年初报告的预算变量，因而该解释变量以一阶滞后的形式带入模型。例如，由于北京市环保督察开始时间为2016年11月，问责人数为98，因而对于2017年及2018年北京市环保财政支出预算的解释变量——中央环保督察政策效应及官员问责的政治压力，分别取值1和98。例外的情况是河北，由于其是2016年1月开始环保督察，因而其对环保财政支出影响的开始时间视为2016年。

3. 被解释变量——地方政府环保财政支出

本节的研究对象是省级地方政府财政支出中的"环境保护"类支出。从 2007 年开始实施的政府收支分类改革方案中，首次增设了"环境保护"类支出。在该支出类别下，共分设 10 款，包含环境保护管理事务、环境监测与监察、污染防治、自然生态保护、天然林保护、退耕还林、风沙荒漠化治理、退牧还草、已垦草原退耕还草，以及其他环境保护支出等。考虑到不同地区支出规模的差异，本节使用的被解释变量为 2012～2018 年 30 个省（区、市）的环保财政支出比重，即环保财政支出占财政一般支出预算的比重。

4. 控制变量

关于控制变量的选择，本节借鉴了张征宇等（2010）、周亚虹等（2013）、陈思霞等（2014）、曹鸿杰等（2020）对地方环保财政支出以及其他民生类财政支出，构建实证模型时控制变量的选择方法，综合考察了地区经济发展水平、产业结构、经济外向型程度、人口密度、互联网普及率以及各地区的财政分权情况等因素。一般来说，地区的经济发展水平越高，地区所能支配的财政收入越高，环保财政投入也可能越高，但是考虑到经济发展水平提高和财政收入扩大也可能带来其他类别财政支出水平的提高，因而地区经济发展水平如何影响环保财政支出的效果还不十分确定。另外，地区经济发展水平与地方环保财政支出可能存在非线性关系，为了考察这种影响，控制变量还添加了人均地区生产总值的二次项。关于产业结构，本书使用了第二产值占地区生产总值的指标。关于经济外向型程度，本书使用了外商直接投资额占地区生产总值的比重这一指标。目前已有不少研究关注于对外开放程度与地区环境污染，因此认为对外开放程度也可能会影响地方政府对环保的重视程度。关于人口密度和互联网普及率，使用了各省级地区单位土地面积上的人口总数，以及各地区总人口中互联网上网人数的比重。前述已有文献表明，地方政府的财政分权程度也可能影响地区财政支出结构，对地方政府财政分权的衡量采取了预算内财政收入占预算内财政支出的比重这一指标。上述所有货币性变量均利用地区生产总值指数以 2011 年为基期进行了实际调整。有关变量的定义和描述性统计如表 4-12 所示。

表 4 – 12 主要变量的定义及描述性统计

变量类型	变量名	定义	符号	均值	标准差	最小值	最大值	样本量
被解释变量	环保财政支出比重	环保财政支出/财政一般支出预算	$FEEP$	0.032	0.010	0.013	0.07	210
核心解释变量	公众环境关心	环境关键词的百度指数搜索量数据	PEC	0.142	0.080	0.016	0.432	210
控制变量	人均地区生产总值	地区生产总值/总人口	$gdpp$	5.683	2.696	1.865	15.358	210
	产业结构	第二产业产值/地区生产总值	ind	0.438	0.829	0.186	0.577	210
	经济外向型程度	外商直接投资额/地区生产总值	$rfdi$	0.055	0.054	0.008	0.271	210
	人口密度	总人口/土地面积	pop	0.044	0.056	0.0008	0.294	210
	互联网普及率	互联网上网人数/总人口	int	0.050	0.115	0.028	0.078	210
	财政分权	预算内财政收入/预算内财政支出	fd	0.053	0.083	0.004	0.392	210

5. 研究时间段的确定

考虑到百度指数最早的可追溯时间，以及首轮中央环保督察全覆盖进驻的结束时间，本节将研究时间段定于 2012 ~ 2018 年。由于 2018 年之后，中央环保督察开始了"回头看"行动，以及第二批、第三批和第二轮的分批次行动，本书研究时间段的确定只考察了首轮中央环保督察的政策效应，避免了后面政策效应的重叠效果。

四、实证结果与分析

（一）假说 4 – 2 检验——空间效应检验结果

在检验公众环境关心对地方政府环保财政支出的空间溢出效应之前，为回应前述假说 4 – 6，本节首先检验了公众环境关心指数是否存在空间上的依赖性，即检验其空间自相关性。空间自相关分为空间正相关和空间负相关，前者指的是个体的高值与高值、低值与低值在空间上聚集在一起；

后者则反之。常见的检验空间自相关的指标有莫兰指数 I（Moran's I）和吉尔里指数 C（Geary's C）等。其中，莫兰指数 I 的取值在 –1～1 之间，若大于 0，表示存在正相关，小于 0 则表示负相关；吉尔里指数 C 取值一般介于 0～2 之间，小于 1 表示正相关，大于 1 表示负相关。

由表 4－13 可见，在以地理邻接矩阵作为空间权重矩阵时，公众环境关心指数在大部分年份的莫兰指数 I 都通过了 10% 的显著性检验，并且所有年份的吉尔里指数 C 都通过了 5% 的显著性检验，说明公众环境关心确实存在地理邻接空间上的集聚性。从具体数值来说，地理邻接矩阵下，无论是莫兰指数 I 还是吉尔里指数 C 都支持公众环境关心的空间正相关性，意味着公众环境关心高的省份，其地理相邻省份的公众环境关心水平也较高。当然，对于其他空间权重矩阵，莫兰指数 I 和吉尔里指数 C 在大部分年份都不显著。对于均值进行空间依赖性检验的结果也支持上述结论。

表 4－13　　　　　　　　公众环境关心的空间依赖性检验

年份	莫兰指数 I（Moran's I）				吉尔里指数 C（Geary's C）			
	地理距离矩阵	地理邻接矩阵	污染距离矩阵	经济距离矩阵	地理距离矩阵	地理邻接矩阵	污染距离矩阵	经济距离矩阵
2012	0.227 *	0.203 **	0.034	0.022	0.866	0.590 ***	0.647	0.935
2013	0.250 **	0.197 **	0.037	0.068	0.944	0.569 ***	0.594	0.840
2014	0.205 *	0.170 *	0.016	0.083	0.997	0.573 ***	0.578	0.774
2015	0.135	0.135 *	0.003	0.067	1.157	0.602 **	0.592	0.783
2016	0.098	0.094	–0.022	0.043	1.177	0.654 **	0.616	0.828
2017	0.081	0.128	–0.004	0.027	1.116	0.644 **	0.649	0.889
2018	0.094	0.156 *	0.019	0.020	1.082	0.632 ***	0.666	0.901
均值	0.144	0.150 *	0.008	0.048	1.077	0.612 ***	0.624	0.846

注：***、**、* 分别代表 1%、5%、10% 的显著水平。

（二）平行趋势检验

倍差法（DID）是学术界研究政策效应的主要方法之一。其将样本分为处理组和对照组，通过分析两者在政策实施前后的差距来探讨某一事件冲击或政策效应的影响。传统的倍差法处理组面对的是同一个政策实施时间，然而本节所研究的中央环保督察进驻各地区的时间并不统一，因而需要使用多期倍差法方法。由于倍差法运用的前提假设是处理组与对照组在未受到政策影响之前有相同的变化趋势，因而本节参照贝克等（Beck et al.，2010）学者关于多期倍差法的方法，首先对样本数据进行平行趋势检验。

由图 4 - 5 平行趋势检验结果可见，各地区在中央环保督察开始之前，环保督察进驻地区与非进驻地区的环保财政支出比重不存在明显的趋势差异；但在环保督察之后，环保财政支出比重开始正向增长，并且这一效应持续增强。这表明了本节对于样本运用多期倍差法满足平行趋势的假定。

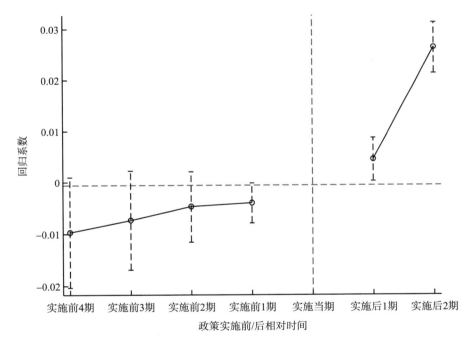

图 4 - 5　平行趋势检验

注：置信区间为 95%。

（三）模型选定

空间面板模型的一般形式为

$$y_{it} = \alpha y_{i,t-1} + \rho w'_i y_t + x'_{it} \beta + w'_i X_t \gamma + u_i + \delta_t + \varepsilon_{it} \qquad (4-14)$$

$$\varepsilon_{it} = \theta w'_i \varepsilon_t + \epsilon_{it} \qquad\qquad (4-15)$$

其中，$y_{i,t-1}$ 为被解释变量的一阶滞后项，$w'_i X_t \gamma$ 为解释变量的空间滞后项。如果 $\theta=0$，则模型为空间杜宾模型（SDM）；如果 $\theta=0$ 并且 $\gamma=0$，则为空间自回归模型（SAR）；如果 $\alpha=0$ 并且 $\gamma=0$，则为空间自相关模型（SAC）；如果 $\alpha=\rho=0$ 并且 $\gamma=0$，则为空间误差模型（SEM）。为了验证本研究空间杜宾模型是否会退化为其他空间面板模型，本研究对不同空间权重矩阵下的空间面板模型进行了 Wald 和 LM 检验（表 4-14）。结果表明，所有空间权重矩阵下的滞后 Wald 和滞后 LM 统计量，以及误差 Wald 和误差 LM 统计量都通过了显著性检验。说明在地理邻接矩阵、地理距离矩阵、污染距离矩阵以及经济距离矩阵下的空间杜宾模型选定正确。在固定效应和随机效应的检验中，豪斯曼（Hausman）检验结果均拒绝了原假设，选择了固定效应模型。

表 4-14　　　　　中央环保督察政治压力变量的实证分析结果

解释变量	被解释变量：环保财政支出比重（FEEP）					
	1（OLS）	2（非空间面板）	3（地理邻接矩阵）	4（地理距离矩阵）	5（污染距离矩阵）	6（经济距离矩阵）
公众环境关心（PEC）	-0.002（-0.2）	0.037（3.48）	0.042 *（1.78）	0.042 ***（2.80）	0.044 **（2.03）	0.041 ***（2.77）
公众环境关心空间滞后项（Wx×PEC）	—	—	0.072 ***（2.65）	0.057 *（1.68）	0.077 ***（3.83）	0.064 ***（2.52）
中央环保督察政治压力（CEPSnum×D）	2.35e-05 ***（2.7）	1.5e-05 ***（3.36）	1.28e-05 ***（3.08）	1.41e-05 **（2.40）	1.44e-05 ***（2.54）	1.7e-05 ***（2.92）
人均地区生产总值（gdpp）	0.0006（0.35）	-0.0085 **（2.11）	-0.008 **（-2.13）	-0.009 ***（-2.64）	-0.009 ***（-2.84）	-0.010 ***（-2.94）
人均地区生产总值二次项（gdpp²）	1.86e-05（0.2）	0.0003 *（1.83）	0.0002（1.55）	0.0002 **（2.01）	0.0003 **（2.20）	0.0003 **（2.21）
产业结构（ind）	-0.010（-1.03）	0.075 ***（5.13）	0.061 ***（3.77）	0.073 ***（4.30）	0.059 ***（3.51）	0.070 ***（4.11）
经济外向型程度（rfdi）	-0.035（-1.34）	0.018（0.64）	0.017（0.84）	0.026（1.18）	0.015（0.71）	0.007（0.34）

续表

解释变量	1 （OLS）	2 （非空间 面板）	3 （地理邻接 矩阵）	4 （地理距离 矩阵）	5 （污染距离 矩阵）	6 （经济距离 矩阵）
	被解释变量：环保财政支出比重（FEEP）					
人口密度 （pop）	−0.047 ** （−2.03）	1.04 * （1.68）	0.418 （0.83）	0.638 （1.25）	0.725 * （1.59）	1.21 *** （2.63）
互联网普及率 （int）	0.122 （0.88）	−0.089 （0.32）	0.116 （0.49）	0.048 （0.24）	0.115 （0.61）	0.037 （0.19）
财政分权 （fd）	0.005 （0.44）	−0.229 （−1.63）	−0.218 （−1.45）	−0.211 （−1.11）	−0.140 ** （−0.75）	−0.012 （0.06）
空间自回归 系数（ρ）	—	—	0.143 ** （2.10）	0.046 （0.40）	0.126 ** （1.96）	0.087 （0.085）
地区效应	—	控制	控制	控制	控制	控制
时间效应	—	控制	控制	控制	控制	控制
滞后 Wald 检验	—	—	7.00 ***	2.81 *	14.65 ***	6.36 ***
滞后 LR 检验	—	—	10.98 ***	2.80 *	14.16 ***	5.47 **
误差 Wald 检验	—	—	7.39 ***	3.06 *	15.82 ***	7.10 ***
误差 LR 检验	—	—	13.65 ***	3.25 *	16.27 ***	7.58 ***
观测值	210	210	210	210	210	210
Log − L			865.42	858.75	866.68	862.33

注：（ ）内为 z 值。***、**、* 分别代表 10%、5%、1% 的显著水平。

（四）假说 4 – 5 与假说 4 – 6 检验

在利用空间杜宾模型进行计量分析之前，本节首先利用最小二乘法和非空间普通面板固定效应模型进行了回归估计，结果见表 4 – 14 的第 1 列和第 2 列。从中可以发现，模型中反映由于生态问责而给地方带来的政治压力的变量（$CEPSnum \times D$）都通过了 1% 的显著性检验。但反映公众环境关心水平的变量并不显著，这意味着如果不考虑公众环境关心的空间溢出效应，模型设定可能会有偏误。

表 4 – 14 的第 3 列至第 6 列，分别是利用地理邻接矩阵、地理距离矩阵、污染距离矩阵以及经济距离矩阵作为空间权重矩阵，回归得到的空间杜宾模型的估计结果。首先，可以看到，公众环境关心在不同的空间权重

矩阵下，都通过了显著性检验。并且，其与地方政府环保财政支出比重呈正相关关系，意味着公众环境关心对提升地方环保财政支出的比重有积极影响。这验证了假说 4 – 5，即本地公众环境关心的提升会促进当地政府扩大环保财政支出。

其次，空间计量模型还展现了公众环境关心在地区之间存在的显著的溢出效应。由公众环境关心空间滞后项的回归结果可见，公众环境关心在地理邻接矩阵、地理距离矩阵、污染距离矩阵以及经济距离矩阵等空间权重矩阵下，都存在显著正向的空间溢出效应。意味着公众环境关心不仅对本地环保财政支出有正向影响，而且能够扩大地理位置、污染排放水平以及经济发展水平接近的邻近地区的环保财政支出比重。结合在地理邻接矩阵下，公众环境关心存在空间正相关的检验结果，上述发现证实了前面所提出的假说 4 – 6，即公众环境关心能够通过影响邻近省份的公众环境关心水平而促进其政府环保财政支出比重的提升。

（五）假说 4 – 7 与假说 4 – 8 检验

就模型中被解释变量环保财政支出比重的空间自回归系数（ρ）来看，ρ 在地理邻接矩阵和污染距离矩阵下都显著为正，意味着地方政府的环保财政支出行为确实与自身邻接和污染排放接近的地区存在策略互动。并且，由于 $\rho > 0$，意味着地方政府的环保财政支出存在正向的空间溢出效应。结合公众环境关心空间滞后项系数的符号，地理邻接矩阵和污染距离矩阵下的空间计量结果支持了假说 4 – 7，即公众环境关心通过地区之间财政支出相互模仿的竞争效应，而促进了他地环保财政支出比重的增加。鉴于空间自回归系数符号为正，本节实证结果不能支持前述假说 4 – 8，即地方环保财政支出存在负向的空间溢出效应。

（六）假说 4 – 9 与假说 4 – 10 检验

另外，由表 4 – 15 可见，在所有的模型中，反映首轮中央环保督察政策效应的 DID 变量——$CEPSi \times D$ 都不显著，从而无法验证假说 4 – 9。但是，在所有模型中，反映首轮督察中由于官员问责而产生的政治压力变量——$CEPSnum \times D$，都通过了 5% 以上的显著性检验，并且符号为正。这验证了假说4-10，意味着中央环保督察这一"自上而下"的环境管理改革，能够通过对官员问责产生的政治压力而对地方环保财政支出产生正向影响。这一结果刻画出了中央环保督察对地方政府行为影响的具体路径，反映出地方政府对由于生态问责而产生的政治压力的积极回应。

表4-15　　　　　　　　　中央环保督察政策效应的实证结果

解释变量	被解释变量：环保财政支出比重（*FEEP*）					
	1 （OLS）	2 （非空间 面板）	3 （地理邻接 矩阵）	4 （地理距离 矩阵）	5 （污染距离 矩阵）	6 （经济距离 矩阵）
公众环境关心 （*PEC*）	0.003 （0.25）	0.042 *** （2.5）	0.046 * （1.90）	0.047 * （1.90）	0.048 ** （2.16）	0.045 ** （2.09）
公众环境关心 空间滞后项 （$Wx \times PEC$）	—	—	0.075 *** （2.61）	0.064 （1.18）	0.075 *** （3.19）	0.056 * （1.72）
中央环保督察 （$CEPSi \times T$）	0.0018 （1.0）	0.0016 （0.95）	0.0008 （0.50）	0.0015 （0.91）	0.0008 （0.51）	0.0015 （0.99）
控制变量	控制	控制	控制	控制	控制	控制
空间自回归系数 （ρ）	—	—	0.145 *** （5.69）	0.042 （0.51）	0.137 ** （2.06）	0.069 （0.75）
地区效应	—	控制	控制	控制	控制	控制
时间效应	—	控制	控制	控制	控制	控制
观测值	210	210	210	210	210	210
Log-L			863.09	857.85	863.64	858.73

注：***、**、* 分别代表10%、5%、1%的显著水平。

就其他控制变量来看，反映地区经济发展水平的人均收入指标以及人均收入指标二次项的系数，在非空间面板模型，和以地理距离矩阵、污染距离矩阵，以及经济距离矩阵为空间权重矩阵下的空间杜宾模型中都显著。并且，人均收入指标的系数为负，人均收入指标二次项的系数为正，意味着地区环保财政支出与经济发展水平之间存在一种"U"型关系。即随着经济发展水平的提高，地方政府会先降低环保财政支出的比重，当经济发展水平提高到一定程度之后，地方环保财政支出的比重也会随之提高。环保财政支出比重随着经济发展水平先下降后上升的态势，可能是由于在地方经济发展水平较低时，地方财政会更多地用于除环保以外其他类别的支出上，使得环保支出比重相对降低。一些文献在不考虑人均收入水平二次项的影响下，也得到地方财政收入的提高会降低环保财政支出的结论，例如赵娜和李香菊（2019）。而当经济发展水平上升到一定程度时，地方政府才会更加重视环境，环保支出比重随之上升。

另外，控制变量中的产业结构指标，在非空间面板模型和不同的空间权重矩阵下的空间杜宾模型中，都与环保财政支出比重呈显著的正向关系，说明产业结构升级对扩大地方政府环保财政支出的比重有积极影响。

五、进一步分析

对上述实证结果进一步分析之后，我们还发现如下一些值得关注的现象。

首先，地理邻接矩阵和污染距离矩阵的空间计量结果都表明，在本节的研究期间内，地方政府的环保财政支出在与自身邻接的地区，以及污染排放量接近的邻地，确实存在空间上的策略互动。鉴于各地环保财政支出的绝对规模和相对规模总体上都在不断上涨，由此可见，环保财政支出比重的空间自回归系数为正这一结果，基本支持了各地政府的环保财政支出存在"支出竞争"的结论。

其次，本节通过研究公众环境关心的影响而得以洞察公众与政府之间在环境治理中的互动关系。传统观点认为，在我国"自上而下"的官员任命体制下，地方政府容易忽视公众的偏好和诉求，政府行为是否会受到来自公众的"非正式约束"的一定质疑。本节发现公众偏好与政府行为之间存在显著联系，并且这种联系还存在空间上的正向溢出效应。当然，公众对其他地区政府形成压力的空间外溢效应，可能有多种产生途径。在研究中，既发现了公众环境关心的空间正相关性，又发现了地方政府支出行为的竞争性。这意味着，公众环境关心既可以通过影响周围地区的公众环境关心水平而影响当地的环保财政支出，也可以通过地区之间的策略竞争行为促进其他地区的环保财政支出。

另外，对于中央环保督察政策效果的检验，说明地方政府对中央环境管理制度的变革存在积极回应，并且这种回应是通过督察中问责官员的数量而产生的。这揭示出中央政府与地方政府在环境治理中的有效互动，验证了影响地方政府行为"自下而上"和"自上而下"的两股力量，意味着在环境治理中需要格外关注和妥善利用起中央政府、地方政府和公众之间复杂的互动关系。

六、公众环境关心影响政府环境行为的政策启示

为了深入探讨在多元治理主体下公众与政府行为上的复杂互动关系，本节以公众环境关心、中央环保督察和地方政府的环保财政支出作为研究对象，利用网络搜索数据、空间计量方法以及多期倍差法，实证检验了公众环境关心和中央环保督察对地方政府环保财政支出比重的影响，结果发现：（1）在地理邻接矩阵下，公众环境关心存在显著的空间正相关效应；（2）在研究期间内，地方政府之间的环保财政支出行为存在一定程度的策略互动，实证结果支持"支出竞争"效应的存在；（3）公众环境关心的上升提升了地方政府环保财政支出的比重，并且对于邻近地区的环保财政支出产生了正向的空间溢出效应；（4）公众环境关心空间溢出效应产生的途径，既可能通过空间自相关效应而产生，也可能借助于政府之间的支出竞争效应而产生外溢影响；（5）在中央环保督察的政策执行中，由于对官员问责而产生的政治压力显著地提升了地方环保财政支出的比重。

提升地方政府的治理能力，是解决我国环境治理困境的关键。从地方政府的财政支出行为出发，本节的结论有助于深入理解我国地方政府的行为逻辑，进而对提升地方政府的环境治理能力有以下启示。

首先，鉴于公众偏好对于地方政府行为的显著影响及其影响的空间依赖性，在提高地方环境治理水平时，要更加积极地利用公众力量，重视公众的社会监督作用。同时，要善于打造和推广公众参与环境治理的典型示范地区。利用环境意识高、公众参与广的地区辐射效应，"以点带面"地形成全社会普遍的环境价值观和行为规范，促进地方多元环境治理模式的形成。

其次，提升地方政府在环保方面的积极作为，必须同时在实现考核目标与满足公众偏好这两个方面下功夫。其中，中央环保督察的作用不容小觑。中央环保督察开启了我国环境治理历史上最严格、最严肃的问责模式。环境保护中的"党政同责，一岗双责"要求得以切实执行。中央环保督察制度，是生态环境保护中府际关系变化的重要标志。将生态环境责任纳入官员问责体系和地方政府绩效表现中，使中央环保督察具有了奖惩激励的特征，能够进一步强化中央对地方政府在环保责任履行上的控制，有助于推动我国地方政府在环保领域的积极作为，并使各地形成在环保领域相互促进、彼此竞争的良性互动关系。今后，中央环保督察机制在进一步强化其奖惩兑现能力的基础上，应该更加深入地嵌入中央政府、地方政府与公众参与的多元互动关系中。如此才能发挥中央环保督察的调节作用，有效地促进中央政府和公众对地方政府环保责任履行的管控和监督作用。

第五节 公众环境关心对资本市场社会责任投资的影响

虽然已经有许多文献指出公众环境关心对环境治理有积极作用，有可能成为发展中国家创新型的环境治理工具，但目前尚没有研究考察公众环境关心对资本市场的影响。众所周知，实现可持续发展和低碳经济离不开金融支持。在 2016 年召开的 G20 会议上，绿色金融被首次纳入了 G20 议题，原因也在于全球应对环境和气候挑战，迫切需要大规模绿色投资的支持。资本市场作为金融支持的重要内容，其可以通过优化对绿色产业资源配置的方式来实现低碳经济转型。实际上，最近几十年来，在西方发达国家率先兴起的社会责任投资已经悄然推动了绿色金融的发展。所谓社会责任投资（social responsible investment，SRI）指的是使投资者将财务目标与社会价值相结合的投资。这种社会价值主要强调确保投资的环境、社会和治理（ESG）等价值。目前，社会责任投资在全球范围内增长迅速，以美国为例，其 1995 年社会责任投资涉及的资产规模只有 6390 亿美元，到

2016 年其规模已经超过 8.72 万亿美元。由于投资人的意识、信仰和偏好等可能与社会责任投资紧密相关，公众环境关心是否也会对资本市场上社会责任投资产生影响就自然成为一个有价值的课题。基于此，本节将以我国资本市场上四种主要的社会责任投资指数为例，通过前面编制的我国公众环境关心指数，实证检验两者的相关关系，为环境治理理论、社会责任投资理论以及绿色金融创新提供有益的经验结论和理论依据。

一、公众环境关心影响社会责任投资的理论机制

著名的制度经济学家诺思（2014）指出，正式规制"只是型塑人们社会选择之约束的很小一部分，而人们社会交往和经济交换中的非正式约束则普遍存在"，其"无论在长期，还是短期，都会在社会演化中对行为人的选择集合产生重要影响"。在大部分发展中国家，由于市场机制等正式制度建设不完善，非正式制度，如嵌入人际关系网络等，在经济交换中发挥着更加重要的作用。因此，对于发展中国家的企业来说，公司绩效与其拥有的广泛的社会交往和联系，或者说社会资本（social capital）之间存在紧密关系。企业社会资本的核心被认为是企业与多方利益相关者主体在互动过程中产生的协作与信任（Putnam，1993）。基于此，社会资本一方面强调企业、政府和公众等多方利益主体组成的社会关系网络；另一方面又强调相关主体之间相互信赖的规范、价值、观点和信念等。公众环境关心受公众环境意识影响，体现了微观主体在生态环保方面的一种偏好和信念，能够形成一种共同的社会规范或价值观。在社会普遍较高的环境意识水平下，各主体之间增强了互相遵守环保价值观的信念以及合作意向，能够提高社会资本，进而提高各主体由于遵守环保价值观的偏好所带来的效用水平。由此产生的结果：一是克服"囚徒困境"下公地悲剧和污染物过度排放等集体福利的损失，促使企业履行生态环保方面的社会责任；二是降低交易费用，帮助企业积累社会资本，进而提高企业绩效和竞争力。因此，从资本市场表现来看，公众环境关心应当与在生态环保方面履行社会责任较好的上市公司的股价，也可理解为，与社会责任投资产品的收益率之间存在紧密联系。

另外，公众环境关心体现并影响了各投资主体在生态环保方面的偏好、诉求和主张，会改变其投资理念和策略，促使普通投资者转变为社会责任投资者，因而对社会责任投资的规模和活跃度等因素产生影响。同时，社会责任投资者由于奉行股东积极主义，除了"用脚投票"在资本市场上筛选对生态环保贡献较大的上市公司股票以及其他投资产品之外，还会利用股东权利，通过对话、谈判和提起决议等形式，表达环境诉求，影响企业环保责任履行和企业绩效，进而实现社会责任投资的绩效与规模等之间的良性互动。

当然，公众环境关心除了受公众环境意识的影响之外，还会随着环境污染水平的变化而变化。而已有部分文献指出，环境污染、空气质量，甚至天气状况等都会影响投资者的情绪、加剧投资者的恐慌和不安，因而造成资本市场风险加剧等（Putnam，1993；Hirshieifer et al.，2003；Saunders，1993；张宗新和王海亮，2013）。因此，公众环境关心与社会责任投资指数的绩效之间并非必然是正向联系，也有可能因污染加剧而对社会责任投资指数产生负面影响，表现为收益率下降、风险加大和波动上升等。由此可见，公众环境关心与我国社会责任投资指数的积极影响更应体现在收益率方面；而社会责任投资指数成交规模和活跃度上升也有可能是市场风险加大和投机行为加重的表现。

基于此，本节提出如下假说，并将利用实证方法进行验证。

假说4-11：公众环境关心与我国社会责任投资指数的收益率之间存在相关性。

假说4-12：公众环境关心与我国社会责任投资指数的规模和活跃度之间存在相关性。

二、指标构建与数据说明

首先，本书的核心解释变量——公众环境关心指数。前述已经基于百度搜索指数和环境关键词词库，构建了公众环境关心指数。在此，利用这种指数编制方法，爬取了"百度指数"上自2011年1月1日至2016年10月27日，各关键词整体搜索量数据，编制得到了我国公众环境关心指数。

其次，在社会责任投资方面，本书主要考察公众环境关心对我国社会责任投资指数的影响。但由于我国社会责任投资尚处于萌芽阶段，投资产品较少，因此，本节主要选取了深证企业社会责任指数（代码 399341）、上证社会责任指数（代码 000048）、CBN—兴全责任指数（代码 399369），以及泰达环保指数（代码 399358）四种我国资本市场上主要的和成交量较大的社会责任投资指数作为研究对象。其中，深证企业社会责任指数选取在深交所上市的社会责任履行良好的 100 只股票组成样本股，由国证指数在 2009 年 8 月 3 日发布。上证社会责任指数，是在已披露社会责任报告的上证公司治理指数样本股中，挑选 100 只每股社会贡献值最高的公司股票组成，由上证所和中证指数在 2009 年 7 月 1 日发布。CBN—兴业全球基金社会责任指数（以下简称"CBN—兴全责任指数"），是首只跨沪深两市的社会责任投资指数，它由兴业基金、深交所和第一财经共同编制，于 2009 年 11 月 4 日发布。泰达环保指数是我国资本市场上首只社会责任投资指数，它由泰达集团和深交所合作于 2008 年 1 月 2 日发布。值得说明的是，泰达环保指数与沪深两大社会责任指数以及 CBN—兴全责任指数的不同之处在于，该指数更侧重于考察上市公司在环保责任方面的表现，因而可能与公众环境关心的联系更加密切。泰达环保指数选取了 A 股市场上为环保作出最多贡献、在经营过程中对环境保护产生正面影响的 40 家上市公司的股票组成样本股，反映了我国环保企业股价的整体走势，是我国环保产业发展的"晴雨表"。另外，该指数通过交易所行情系统对全国股票市场发布，市场效果等同于"深证成指"和"上证指数"，并通过国际间行情互换，代表了中国最有投资价值的环保指数进入国际对比体系。

为了验证前述假说，本节以上述责任指数的收益率来反映我国社会责任投资的绩效情况，以成交量和换手率等指标来反映我国社会责任投资的规模和活跃度。其中，收益率以日收盘价为基础采取对数收益率。所有数据均经过标准化处理，并经过了研究时间段内的日期匹配，数据来源于 Wind 金融数据库。

表 4 - 16 为标准化后所有变量的统计性描述。从偏度、峰度以及 J-B 统计量来看，所有变量均体现出尖峰、厚尾的特征，偏离标准正态分布。ADF 检验表明所有变量为平稳时间序列，因而可以进一步建模分析。

表 4 - 16 　　　　　　　　　变量指标的统计性描述

变量名	定义	中位数	偏度	峰度	J-B 统计量	ADF	观测值
ECI	公众环境关心指数	-0.13	1.87	10.69	4036 ***	-5.36 ***	1324
R_{ECI}	公众环境关心指数增长率	-0.07	0.83	20.51	17046 ***	-14.43 ***	1323
RSZ	深证企业社会责任指数收益率	0.02	-0.72	6.67	855 ***	-26.97 ***	1323
RSH	上证社会责任指数收益率	-0.01	-0.61	7.89	1397 ***	-35.8 ***	1323
$RCBN$	CBN—兴全责任指数收益率	0.00	-0.64	7.35	1133 ***	-34.59 ***	1323
$RTAI$	泰达环保指数收益率	0.03	-0.82	6.32	756 ***	-34.45 ***	1323
$VolSZ$	深证企业社会责任指数成交量	-0.33	1.53	4.92	719 ***	-3.74 ***	1324
$VolSH$	上证社会责任指数成交量	-0.36	2.28	7.98	2515 ***	-3.62 ***	1324
$VolCBN$	CBN—兴全责任指数成交量	-0.40	2.02	6.82	1701 ***	-3.41 ***	1324
$VolTAI$	泰达环保指数成交量	-0.30	1.59	5.40	872 ***	-3.2 ***	1324
$ExSZ$	深证企业社会责任指数换手率	-0.33	1.71	5.76	1068 ***	-3.94 ***	1324
$ExSH$	上证社会责任指数换手率	-0.27	5.18	32.42	53665 ***	-8.63 ***	1324
$ExCBN$	CBN—兴全责任指数换手率	-0.38	2.14	7.35	2058 ***	-3.53 ***	1324
$ExTAI$	泰达环保指数换手率	-0.26	1.78	6.42	1340 ***	-3.54 ***	1324
R_M	沪深 300 指数收益率	0.01	-0.75	7.78	1385 ***	-34.80 ***	1324

注：***、**、* 分别表示1%、5%、10%的显著水平。

三、实证检验及结果

（一）线性相关性分析

为了验证假说，本节首先对公众环境关心指数与社会责任投资指数的相关变量之间进行了线性相关性分析。由指标的统计性描述可知，各变量都不符合正态分布形式，因此皮尔森（Pearson）方法不再适用，本节采用斯皮尔曼和肯德尔（Spearman and Kendall）相关分析方法进行检验。其中，前者衡量变量之间的等级相关程度，后者系数反映分类变量相关性，它们是在秩和观测值的相对大小的基础上得到的，是一种非参数的方法，不要求变量的总体分布如何和样本容量如何，因而对数据要求较小。由表 4 - 17 可见，公众环境关心指数与我国社会责任投资指数相关变量之间都存在正向相关关系。其中与收益率之间的相关系数在 3% ~ 7% ，与成交量和换手率的相关系数则在 22% ~ 53% ，因此值得进一步利用回归方程进行两者关系的深入考察。

表 4 - 17　　　　　　　　　　　线性相关系数检验

变量名	Spearman 系数	Kendall 系数	变量名	Spearman 系数	Kendall 系数
RSZ	0.07	0.05	ExSZ	0.41	0.27
RSH	0.05	0.03	ExSH	0.33	0.22
RCBN	0.05	0.03	ExCBN	0.43	0.28
RTAI	0.06	0.04	ExTAI	0.42	0.30
VolSZ	0.51	0.34	VolCBN	0.51	0.35
VolSH	0.44	0.30	VoLTAI	0.53	0.36

　　虽然线性相关性检验表明公众环境关心与社会责任投资指数之间存在某种正相关关系，但这种检验不能说明两者谁是因、谁是果，还是互为因果。由于各变量均为平稳时间序列，为了进一步确定回归模型形式，本节对公众环境关心指数与社会责任投资指数相关变量之间，是否存在统计意义上的因果关系进行了格兰杰（Granger）检验。根据极大似然值、AIC、SC 和 HN 值，确定了各自检验的最优滞后阶数，得到检验结果如表 4 - 18 所示。从中可见，检验结果均接受了"社会责任投资指数相关变量不是公众环境关心指数的格兰杰原因"的原假设，但拒绝了"公众环境关心指数不是社会责任投资指数收益率的格兰杰原因""公众环境关心指数不是上证社会责任指数、CBN—兴全责任指数以及泰达环保指数成交量的格兰杰原因"，以及"公众环境关心指数不是 CBN—兴全责任指数和泰达环保指数换手率的格兰杰原因"。这说明，公众环境关心指数与我国社会责任投

资指数之间存在单向的因果关系，意味着社会责任投资的相关因素不能改变公众环境关心程度，而公众环境关心却能在一定程度上对我国社会责任投资产生影响。这在一定程度上佐证了本节前述假说，同时为回归模型中以公众环境关心指数作为解释变量提供了依据。

表 4－18   格兰杰因果关系检验

原假设	F 值	原假设	F 值
RSZ 不是 ECI 的格兰杰原因	1. 49	ExSZ 不是 ECI 的格兰杰原因	0. 93
ECI 不是 RSZ 的格兰杰原因	1. 71 *	ECI 不是 ExSZ 的格兰杰原因	1. 40
RHS 不是 ECI 的格兰杰原因	0. 94	ExHS 不是 ECI 的格兰杰原因	0. 28
ECI 不是 RSH 的格兰杰原因	1. 81 **	ECI 不是 ExHS 的格兰杰原因	0. 37
RCBN 不是 ECI 的格兰杰原因	1. 12	ExCBN 不是 ECI 的格兰杰原因	1. 18
ECI 不是 RCBN 的格兰杰原因	1. 86 **	ECI 不是 ExCBN 的格兰杰原因	2. 93 ***
RTAI 不是 ECI 的格兰杰原因	1. 45	ExTAI 不是 ECI 的格兰杰原因	1. 00
ECI 不是 RTAI 的格兰杰原因	1. 76 *	ECI 不是 ExTAI 的格兰杰原因	1. 80 *
VolSZ 不是 ECI 的格兰杰原因	1. 27	VolCBN 不是 ECI 的格兰杰原因	0. 46
ECI 不是 VolSZ 的格兰杰原因	1. 63	ECI 不是 VolCBN 的格兰杰原因	1. 80 *
VolHS 不是 ECI 的格兰杰原因	0. 92	VolTAI 不是 ECI 的格兰杰原因	0. 73
ECI 不是 VolHS 的格兰杰原因	2. 32 **	ECI 不是 VolTAI 的格兰杰原因	3. 08 ***

（二）回归结果

既然公众环境关心指数是导致我国社会责任投资指数相关变量变动的原因，本节接着利用线性回归模型进一步分析它们之间的相依关系。由于社会责任投资指数涉及收益率、成交量以及换手率等指标，而这些变量影响因素所依据的理论并不完全相同，因此本节对不同的指标分别构建不同的回归模型。首先，对于社会责任投资指数的收益率来说，本节借鉴股票定价理论中经典的资本资产定价模型（CAPM），构建如下形式回归方程：

$$R_t = \alpha_0 + \beta_m R_{Mt} + \beta_e R_{ECIt} + \varepsilon_t \qquad (4-16)$$

其中，R 代表上述 4 类社会责任投资指数的收益率。R_M 代表我国资本市场整体的市场收益率，本研究利用标准化的沪深 300 指数的对数收益率来表示，统计性描述见表 4 - 16。R_{ECI} 代表了我国公众环境关心指数的增长率，即 $R_{ECIt} = \ln ECI_t - \ln ECI_{t-1}$。因此，式中 β_m 代表了市场收益率风险，而 β_e 反映了公众环境关心变动率的风险。

对于社会责任投资指数的成交量和换手率等变量，利用回归模型与时间序列模型（ARMA）组合的方法，即多元变量自回归移动平均模型（MARMA），构建如下形式的回归方程：

$$Y_t = \alpha_1 + \alpha_2 \, ECI_t + u_t, \quad u_t = \emptyset^{-1}(L)\theta(L)v_t \qquad (4-17)$$

其中，Y 分别为 4 类社会责任投资指数的成交量、换手率以及波动率。$\emptyset^{-1}(L)$ 为 AR 过程，$\theta(L)$ 为 MA 过程。建立如此形式模型的原因：一是由于前述格兰杰检验已经证实 ECI 对 Y 存在单向因果关系，可以作为解释变量进入回归方程；二是由于模型中可能遗漏其他重要解释变量导致自相关，可以利用对残差序列建立 ARMA 模型来克服。另外，此类模型本质上是利用被解释变量自身的信息进行预测，如果模型拟合良好，可以忽略其他解释变量。在已有资本市场相关研究中，也有不少文献直接设定股市相关变量的一阶自回归形式。

表 4 - 19 显示了回归模型的检验结果。从中可见，市场收益率对我国社会责任投资指数收益率的影响都在 1% 的水平下显著为正，意味着市场收益率上升，我国社会责任投资指数的收益率也会上涨，这与经典的资产定价理论相一致。其中，深证企业社会责任指数、上证社会责任指数以及 CBN—兴全责任指数的市场收益率风险因子接近 1；而泰达环保指数的市场收益率风险相对低一些。本节研究的重点公众环境关心指数变动率，其对深证企业社会责任指数、上证社会责任指数以及 CBN—兴全责任指数收益率的影响都不显著；但对泰达环保指数收益率的影响，在 10% 的显著水平下显著为正。表明，公众环境关心增长速度加大，会拉动泰达环保指数收益率的上升，公众环境关心指数变动的影响为 0.03。Panel A 回归模型的拟合优度都在 70% 以上，说明模型设定良好。DW 值和 BG-LM 检验表明，残差不存在一阶和二阶自相关，因此估计是有效的。

表 4 - 19　　　　　　　　　　　　回归模型检验结果

Panel A	RSZ	RHS	RCBN	RTAI
截距项	0.00 (0.11)	0.00 (0.10)	0.00 (0.11)	0.00 (0.05)
R_M	0.95 *** (109.89)	0.97 *** (143.08)	0.98 *** (166.41)	0.88 *** (68.78)
R_{ECI}	0.01 (0.82)	0.01 (1.04)	0.01 (1.43)	0.03 * (2.09)
R^2	0.90	0.93	0.95	0.78
DW	2.01	1.99	1.96	1.99
BG-LM 检验 P 值	0.65	0.66	0.14	0.89
F 值	6079.73 ***	10248.75 ***	13863.55 ***	2371.11 ***
Panel B	VolSZ	VolHS	VolCBN	VolTAI
截距项	0.00 (0.00)	0.00 (0.00)	0.03 (0.07)	0.06 (0.12)
ECI	0.03 (1.57)	0.02 (1.26)	0.01 (1.11)	0.05 *** (3.20)
R^2	0.89	0.90	0.91	0.90
DW	2.02	1.99	2.01	2.00
BG 检验 P 值	0.19	0.51	0.56	0.77
F 值	2712.78 ***	2052.45 ***	2262.29 ***	1670.01 ***
Panel C	ExSZ	ExHS	ExCBN	ExTAI
截距项	-0.07 (-0.19)	-0.22 *** (-3.97)	-0.02 (-0.06)	-0.06 (-0.15)
ECI	0.03 * (1.82)	0.00 (0.90)	0.02 (1.19)	0.06 *** (3.12)
R^2	0.88	0.94	0.90	0.88
DW	1.99	1.99	1.99	1.99
BG 检验 P 值	0.51	0.85	0.86	0.78
F 值	1894.70 ***	2772.20 ***	1757.81 ***	1392.17 ***

注：括号内为 t 值。*** 、** 、* 分别代表 10% 、5% 、1% 的显著水平。

　　Panel B 和 Panel C 是公式（4－17）的回归结果。从中可见，公众环境关心指数对深证企业社会责任指数、上证社会责任指数以及 CBN—兴全责任指数成交量的影响不显著；但对泰达环保指数成交量的影响在 1% 的显著水平下显著为正，表明公众环境关心程度增加，泰达环保指数成交量也会增加。从换手率来看，公众环境关心指数对深证企业社会责任指数和泰达环保指数的影响分别在 10% 和 1% 的显著水平下显著为正。结果表明，公众环境关心指数增加，深证企业社会责任指数和泰达环保指数的换手率也会加大。由于利用了 MARMA 模型，尽管解释变量只考虑了公众环境关心指数，但可以发现 Panel B 和 Panel C 中所有模型的拟合优度都接近 90%。同时，模型通过了 DW 检验和 BG-LM 检验，残差不存在一阶和二阶自相关，模型整体上设定良好，估计有效。

　　以上实证结果说明：（1）与其他社会责任投资指数相比，公众环境关心指数与侧重于考察我国上市公司生态环保责任履行的泰达环保指数之间，存在更为紧密的线性关系。（2）公众环境关心指数的增长率会带来泰达环保指数收益率的上升。这意味着公众环境关心水平的大幅提高，会提升我国对生态环保贡献较大的上市公司的业绩，验证了假说 4－11。（3）公众环境关心指数对泰达环保指数的成交量和换手率有正向而显著的作用。意味着，公众环境关心水平上升，会增加对生态环保贡献较大的上市公司的股票交易规模和活跃度，验证了假说 4－12。

（三）基于 Copula 函数的相关性分析

　　线性相关性分析的假设是变量之间的关系是线性的，但是经济变量之间的影响并非必然成比例变动，可能出现黏滞或加速等效应，因此要完整地刻画变量之间的相依结构还需要考察变量之间可能存在的非线性关系。由于本书的研究变量都呈现尖峰、厚尾的分布特征，其极端值比正态分布出现得多且频繁，而线性相关系数无法捕捉到变量达到极端值时的尾部相关特征。格兰杰因果检验虽然能证明变量之间存在相关关系，但却只能给出定性结论，难以有定量描述。基于最小二乘法得到的线性回归结果也无法反映变量之间的非线性和非对称关系。因此，如果要反映较强的公众环境关心程度（ECI 数值高）和较弱的公众环境关心程度（ECI 数值低）与我国社会责任投资指数之间的相关关系，需要利用新的方法和指标来度量。

斯卡拉（Sklar）提出的 Copula 理论，可以将变量的边缘分布和变量的相依结构分开来研究。其中变量间的相依结构可以由一个 Copula 函数来描述，形式不受边缘分布的限制，并且在变量单调变换时，形式不发生变化，因而可以分析变量间的非线性和非对称关系，并且能够得到变量之间尾部相关性的估计结果。尾部相关是衡量极端事件之间的相关性大小，即测量随机变量共同达到上尾部或共同达到下尾部两种极端情况相关性的指标。具体来说，上尾部相关系数 λ_u 和下尾部相关系数 λ_l 定义为

$$
\begin{aligned}
\lambda_u &= \lim P_{q \to 1}\left[Y \geqslant G^{-1}(q) \mid X \geqslant F^{-1}(q) \right] \\
&= \lim_{q \to 1} \frac{P\left[Y \geqslant G^{-1}(q), X \geqslant F^{-1}(q) \right]}{P\left[X \geqslant F^{-1}(q) \right]} \\
&= 2 - \lim_{q \to 1} \frac{1 - C(q, q)}{1 - q}
\end{aligned}
\tag{4-18}
$$

$$
\begin{aligned}
\lambda_l &= \lim P_{q \to 0}\left[Y \leqslant G^{-1}(q) \mid X \leqslant F^{-1}(q) \right] \\
&= \lim_{q \to 0} \frac{P\left[Y \leqslant G^{-1}(q), X \leqslant F^{-1}(q) \right]}{P\left[X \leqslant F^{-1}(q) \right]} \\
&= \lim_{q \to 0} \frac{C(q, q)}{q}
\end{aligned}
\tag{4-19}
$$

其中，X、Y 为要考察的随机变量，q 为分位数，G^{-1}、F^{-1} 分布为 Y 和 X 的概率密度函数，C 为 Copula 函数。目前，研究者已经提出了多种形式的 Copula 函数，根据其所属性质，总体上可以分为两类，即椭圆 Copula 函数簇和阿基米德 Copula 函数簇。椭圆 Copula 函数簇包括 Gaussian Copula 和 t-Copula 两种，Gaussian Copula 只能捕捉对称的相关性，但不能测度尾部相关性。t-Copula 具有双参数结构，能够测度尾部相关性，并且在数据为厚尾分布时，其拟合效果要好。阿基米德 Copula 函数有 4 种形式最为多见，分别是 Gumbel-Copula、Joe-Copula、Clayton-Copula 和 Frank-Copula。其中，Gumbel-Copula、Joe-Copula 和 Clayton-Copula 的密度函数是非对称结构，可以刻画尾部相关性。Gumbel-Copula 和 Joe-Copula 可以测度上尾部相关性，而 Clayton-Copula 可以测度下尾部相关性。Frank-Copula 的密度函数是对称

的，但无法测度上尾部相关性（Cherubini et al.，2004）。基于此，本研究利用可以测度尾部相关性的 t-Copula、Gumbel-Copula、Joe-Copula 和 Clayton-Copula 4 种 Copula 函数逐一对公众环境关心与社会责任投资指数相关变量之间的关系进行了测算。得到估计结果后，需要进一步确定最优的 Copula 函数，现有文献对这一问题的解决通常有几种思路：一是根据实际的金融数据的统计特征；二是利用各种信息准则，如 AIC 准则等；三是利用 Copula 拟合优度检验；四是利用似然函数准则等。Copula 函数的选取一直是该领域研究的热点，但应当采用何种方法目前尚没有统一的认识。因此，本节采用了信息准则的方法，利用 AIC 准则，确定了最优的 Copula 函数，并得到了相关参数估计结果，如表 4－20 所示。

表 4－20　　　　　　　　　最优 Copula 函数及其估计结果

变量	最优 Copula 函数	AIC	下尾相关系数	上尾相关系数
RSZ	Gumbel-Copula	－0.3818	0	0.0531
RSH	t-Copula	－4.4759	0.0132	0.0132
RCBN	Gumbel-Copula	0.6667	0	0.0419
RTAI	Gumbel-Copula	1.6920	0	0.0551
VolSZ	Clayton-Copula	－1226.5300	0.8575	0
VolSH	Clayton-Copula	－925.1320	0.8352	0
VolCBN	Clayton-Copula	－935.4120	0.8361	0
VolTAI	Clayton-Copula	－1144.2300	0.8526	0
ExSZ	Clayton-Copula	－1145.3700	0.8492	0
ExSH	Clayton-Copula	－528.9030	0.7788	0
ExCBN	Clayton-Copula	－933.7780	0.8359	0
ExTAI	Clayton-Copula	－1109.3500	0.8465	0

由表 4－20 可见，按照前述方法确定的最优 Copula 函数都很好地捕捉了公众环境关心指数与我国社会责任投资指数相关变量间的尾部相关性。除了上证社会责任指数的收益率利用 t-Copula 函数捕捉到了双尾部相关性之外，其他社会责任投资指数的收益率都利用 Gumbel-Copula 函数捕捉到了上尾部相关性。对于社会责任投资指数的成交量和换手率等变量，利用 Clayton-Copula 函数捕捉到了下尾部相关性。从估计系数来看，公众环境关

心指数与我国社会责任投资指数的成交量和换手率之间具有很强的下尾部相关性，相关系数达到77%以上；而公众环境关心指数与我国社会责任投资指数收益率之间的上尾部相关性较小，只有1%~5%。

以上结果意味着：（1）利用Copula方法相比线性分析，能够发现公众环境关心与我国社会责任投资指数之间更为广泛和紧密的关系，即公众环境关心不仅对泰达环保指数的相关变量有线性影响，还与其他主要的社会责任投资指数之间存在非线性关系。（2）这种非线性关系在公众环境关心对社会责任投资指数的成交量和换手率的下尾部相关中更为紧密，相关系数表明较低的公众环境关心水平能够解释较低的社会责任投资指数成交量和换手率的77%以上，说明公众环境关心水平处于较低程度时，我国社会责任投资也有很强的可能性呈现萎缩和低迷态势。

四、公众环境关心影响社会责任投资的政策启示

公众环境关心，作为公众环境意识的一种表现，能够使微观主体形成生态环保方面的共同偏好和信念，因而能够积累社会资本，促使企业履行生态环保责任，并获得经济绩效。因此，公众环境关心与资本市场上同时考察企业社会责任履行和绩效的投资产品——社会责任投资之间可能存在某种联系。本节在制度经济学和社会资本等理论视角下，提出了公众环境关心与我国社会责任投资指数之间存在相关关系的假说，利用线性分析方法和Copula方法，对编制得到的公众环境关心指数和我国资本市场上主要的社会责任投资指数进行了实证检验，得到以下结论：（1）线性回归结果表明，公众环境关心与反映我国上市公司生态环保责任的社会责任投资指数——泰达环保指数之间存在显著而正向的关系。表现为公众环境关心指数的发展速度会提升泰达环保指数的收益率；同时，公众环境关心水平的增加会增加该指数的成交量和波动率，意味着公众环境关心水平能够提升社会责任投资的规模和活跃度。（2）利用Copula函数进行的非线性分析，发现了公众环境关心与我国社会责任投资指数之间更广泛和更紧密的联系。表现为公众环境关心与所考察的4种社会责任投资指数相关变量之间都存在尾部相关性；特别在成交量和换手率等指标上，其下尾部相关系数

均超过 77%，说明公众环境关心的低迷有很大可能带来社会责任投资的萎缩不振。

目前有关公众环境参与、公众环境诉求和公众环境关心的研究大多停留在制度分析与建设的定性层面，较少从定量的角度考察公众参与的具体作用与发挥途径。现有的实证研究已经指出了公众环境诉求能够影响政府监管行为和环境政策实施，本节则从资本市场出发，考察了公众环境关心对我国社会责任投资指数的影响，为公众参与环境治理和我国绿色金融发展提供了新的研究视角。本节研究结论的得出对于我国探索一条因地制宜的环境治理模式具有政策启示意义。首先，面临正式制度不完善的缺陷，我国的环境治理要充分借助公众的力量，着力形成公众环境意识强、公众环境参与广以及公众行动自觉化等的非正式制度优势。公众环境参与、环境诉求以及环境关心等，能够多渠道地作用于环境治理。从金融支持的角度，要重视发挥公众参与对我国绿色金融发展的积极作用，推动包括社会责任投资等在内的绿色金融产品的创新和推广。其次，从本节的研究结论来看，当前公众环境关心对我国社会责任投资等绿色金融产品的积极作用还部分有限。表现为与收益率相比，公众环境关心与社会责任投资指数的成交量和换手率之间有更强的联系。因此，公众环境关心在加大市场的投机行为和波动性等方面也存在相当的影响，不利于社会责任投资的长期健康发展。这提示我们，公众环境参与最重要的是提升公众环境意识。以公众环境意识代替环境污染来推动公众环境关心水平的上升，就能减缓因此带来的市场波动，促进履行社会责任的上市公司获取社会资本，进而带来业绩和股价的提升。因而，我国必须要高度重视生态文明建设，强化生态文明的意识形态，把公众环境意识提升作为公众参与工作的重中之重。

参考文献

［1］包群，邵敏，杨大利. 环境管制抑制了污染排放吗？［J］. 经济研究，2013（12）：42－54.

［2］蔡守秋. 厦门 PX 事件——环境民主和公众参与的力量［J］. 中国环境法治，2008（1）：166－171.

［3］曹鸿杰，卢洪友，潘星宇. 地方政府环境支出行为的空间策略互动研究——传导机制与再检验［J］. 经济理论与经济管理，2020（1）：55－68.

［4］查德·H. 泰勒，卡斯·R. 桑斯坦. 助推：事关健康、财富与快乐的最佳选择［M］. 北京：中信出版社，2018.

［5］陈福平. 转型期中国的公民参与和社会资本构建［M］. 北京：中国社会科学出版社，2018.

［6］陈岚. 基于结构方程的政务微博公众参与研究［J］. 现代情报，2015，35（3）：37－41.

［7］陈思霞，卢洪友. 辖区间竞争与策略性环境公共支出［J］. 财贸研究，2014，25（1）：85－92.

［8］陈先红，陈欧阳. 政府微博中的对话传播研究——以中国 10 个政务机构微博为例［J］. 武汉理工大学学报（社会科学版），2012，25（6）：954－958.

［9］陈勇，于彦梅，冯哲. 论公众参与环境影响评价听证制度的构建与完善［J］. 河北学刊，2009（1）：158－160.

［10］陈宇超，裴庚辛. 中央环保督察与污染企业绩效的相互关系实证研究［J］. 哈尔滨工业大学学报（社会科学版），2021，23（3）：146－153.

［11］陈雨生，朱玉东，张琳. 农户环保型农资选择行为研究？——基

于实验经济学［J］. 农业经济问题，2016（8）：33 – 40.

［12］谌仁俊，肖庆兰，兰受卿，刘嘉琪. 中央环保督察能否提升企业绩效？——以上市工业企业为例［J］. 经济评论，2019（5）：36 – 49.

［13］程宏伟，胡栩铭. 生态问责制度对政商关系转型的影响分析［J］. 中国人口·资源与环境，2020，30（9）：164 – 176.

［14］崔凤，唐国建. 环境社会学［M］. 北京：北京师范大学出版社，2010.

［15］崔凤，唐国建. 环境社会学：关于环境行为的社会学阐释［J］. 社会科学辑刊，2010（3）：45 – 50.

［16］道格拉斯·C. 诺思. 制度、制度变迁与经济绩效［M］. 杭行译. 上海：上海人民出版社，2014.

［17］邓辉，甘天琦，涂正革. 大气环境治理的中国道路——基于中央环保督察制度的探索［J］. 经济学（季刊），2021，21（5）：1591 – 1614.

［18］董如建，何锐，李玉红. 性别差异对肛肠手术罗哌卡因骶管阻滞半数有效浓度的影响［J］. 中国临床药理学与治疗学，2015，20（2）：188 – 210.

［19］樊博，杨文婷，孙轩. 雾霾影响下的公众情绪与风险感知研究——以天津市微博用户为分析样本［J］. 东北大学学报（社会科学版），2017，19（5）：489 – 496.

［20］范进，赵定涛，洪进. 消费排放权交易对消费者选择行为的影响——源自实验经济学的证据［J］. 中国工业经济，2012（3）：30 – 42.

［21］高天附，郑伟，吕嫣. 大学生环保意识培养的创新实践尝试［J］. 沈阳师范大学学报（自然科学版），2014，32（3）：450 – 452.

［22］公民生态环境行为调查报告（2019 年）［R/OL］.（2019 – 06 – 03）. http：//www. prcee. org/zyhd/201906/t20190603_705428. html.

［23］观察者. 广东茂名反 PX 事件：清华化学化工系学生昼夜捍卫 PX 词条. 内蒙古新闻网（2014 – 04 – 04）. http：//china. nmgnews. com. cn/system/2014/04/04/011437690. shtml.

［24］郭红燕. 我国环境保护公众参与现状、问题及对策［J］. 团结，2018（5）：22 – 27.

［25］郭永济，张谊浩. 空气质量会影响股票市场吗？［J］. 金融研

究，2016（2）：71－85.

[26] 洪大用，范叶超，邓霞秋，曲天词. 中国公众环境关心的年龄差异分析 [J]. 青年研究，2015（1）：1－10，94.

[27] 洪大用，范叶超. 公众环境知识测量：一个本土量表的提出与检验 [J]. 中国人民大学学报，2016，30（4）：110－121.

[28] 洪大用，范叶超，肖晨阳. 检验环境关心量表的中国版（CNEP）——基于 CGSS 2010 数据的再分析 [J]. 社会学研究，2014，29（4）：49－72，243.

[29] 洪大用. 环境关心的测量：NEP 量表在中国的应用评估 [J]. 社会，2006（5）：71－92.

[30] 洪大用，卢春天. 公众环境关心的多层分析 [J]. 社会学研究，2011（6）：154－170.

[31] 洪大用. 中国城市居民的环境意识 [J]. 江苏社会科学，2005（1）：127－132.

[32] 胡修齐，刘映杰. 利他惩罚决策及其神经基础探究 [J]. 心理月刊，2021，16（7）：211－215.

[33] 环保公众参与的实践与探索编写组. 环保公众参与的实践与探索 [M]. 北京：中国环境出版社，2015.

[34] 黄晓春. 当代中国社会组织的制度环境与发展 [J]. 中国社会科学，2015（9）：146－164.

[35] 贾哲敏，于晓虹. 解析网络空间的公众环境诉求：议题、策略及影响 [J]. 武汉大学学报，2016，69（6）：125－133.

[36] 康宗基. 生态文明视域下中国环保社会组织的发展 [J]. 大连海事大学学报（社会科学版），2015，14（5）：50－54.

[37] 郎嬛琳，方程. 我国环境保护公众参与的制度建设回溯与展望 [J]. 沈阳工业大学学报（社会科学版），2019，12（6）：487－494.

[38] 李兵华，朱德米. 环境保护公共参与的影响因素研究——基于环保举报热线相关数据的分析 [J]. 上海大学学报（社会科学版），2020，37（1）：118－128.

[39] 李华琪. 环境公益诉讼：制度缺失与完善策略——基于环境人

权保障视角［J］．湖南农业大学学报（社会科学版），2018，19（4）：
67－72.

［40］李金兵，唐方方，白晨．城市居民环境行为模型构建——基于
北京城市居民的调研数据分析［J］．技术经济与管理研究，2014（2）：
107－113.

［41］李树，翁卫国．我国地方环境管制与全要素生产率增长——基于
地方立法和行政规章实际效率的实证分析［J］．财经研究，2014，40（2）：
19－29.

［42］李松．老人需有环境意识——联合国环境规划署的一项民意测
验［J］．世界知识，1989（20）：20.

［43］李亚菲．环境公益诉讼中的诉权分析［J］．西南民族大学学报
（人文社科版），2019，40（3）：93－99.

［44］李艳春．城乡居民环境意识差异分析［J］．哈尔滨工业大学学
报（社会科学版），2019，21（5）：121－126.

［45］李艳芳．公众参与环境保护的法律制度建设——以非政府组织
（NGO）为中心［J］．浙江社会科学，2004（2）：85－90.

［46］李艳芳．环境权若干问题探究［J］．法律科学（西北政法学院
学报），1994（6）：61－64.

［47］李智超，刘少丹，杨帆．环保督察、政商关系与空气污染治理
效果——基于中央环保督察的准实验研究［J］．公共管理评论，2021（11）：
5－33.

［48］林毅夫，刘志强．中国的财政分权与经济增长［J］．北京大学
学报（哲学社会科学版），2000（4）：5－17.

［49］刘逢，王锐兰，楚俊．中国民间环保组织的生存现状及发展［J］．
云南社会科学，2006（1）：50－53.

［50］刘慧敏．上海垃圾分类实施现状及对策研究［J］．农村经济与
科技，2020，31（22）：23－24.

［51］刘甲炎，范子英．中国房产税试点的效果评估：基于合成控制法
的研究［J］．世界经济，2013（11）：117－135.

［52］刘清生．论环境公益诉讼的非传统性［J］．法律科学（西北政

法大学学报），2019，37（1）：123－132.

［53］刘涛雄，徐晓飞．互联网搜索行为能帮助我们预测宏观经济吗？［J］．经济研究，2015（12）：68－83.

［54］刘亦文，王宇，胡宗义．中央环保督察对中国城市空气质量影响的实证研究——基于"环保督查"到"环保督察"制度变迁视角［J］．中国软科学，2021（10）：21－31.

［55］卢红雁，彦炯．中国大学生环境社团现状调查［J］．环境教育，2000（4）：17－19.

［56］路兴．公众环境关心指标体系构建——基于网络搜索数据［J］．调研世界，2017（6）：35－38.

［57］吕丹，李明珠．基于演化博弈视角的"乡贤"参与乡村治理及其稳定性分析［J］．农业经济问题，2020（4）：111－123.

［58］吕忠梅．环境法新视野［M］．北京：中国政法大学出版社，2000.

［59］罗伯特·D.帕特南．独自打保龄球［M］．燕继荣，等译．北京：中国政法大学出版社，2018.

［60］罗伯特·D.帕特南．使民主运转起来［M］．王列，等译．南昌：江西人民出版社，2001.

［61］罗伯特·D.帕特南．社会资本研究50年［J］．探索与争鸣，2019，353（3）：42－51.

［62］麻宝斌．公共治理理论与实践［M］．北京：社会科学文献出版社，2018.

［63］曼瑟尔·奥尔森．集体行动的逻辑［M］．陈郁，等译．上海：格致出版社，2014.

［64］孟天广，李锋．网络空间的政治互动：公民诉求与政府回应性——基于全国性网络问政平台的大数据分析［J］．清华大学学报，2015（3）：17－29.

［65］民间环保组织在环境公益诉讼中的角色及作用［J］．中国发展简报，2014，61（1）：78－85.

［66］彭远春．城市居民环境认知对环境行为的影响分析［J］．中南

大学学报（社会科学版），2015（3）：168－174.

［67］皮埃尔·布尔迪厄. 文化资本与社会炼金术［M］. 包亚明，译. 上海：上海人民出版社，1997.

［68］全国公众环境意识调查报告［J］. 人民论坛，1999（7）：21－23.

［69］人民网. 公民生态环境行为调查报告（2021年）发布［R/OL］.（2021－12－27）. https：//baijiahao. baidu. com/s？id＝1720297530576677214&wfr＝spider&for＝pc.

［70］塞缪尔·亨廷顿. 民主的危机［M］. 马殿军，等译. 北京：求实出版社，1989.

［71］沈钊，屈小娥. 公众参与对中国雾霾污染的影响研究［J］. 统计与信息论坛，2022，37（7）：119－128.

［72］生活质量课题组. 中国城市居民环境意识调查［J］. 管理世界，1991（6）：171－173.

［73］生态环境部环境与经济政策研究中心. 公民生态环境行为调查报告（2020年）［R/OL］.（2020－07－15）. http：//www. prcee. org/yjcg/yjbg/202007/t20200715_789385. html.

［74］史亚东. 公众环境参与的多重理论源流探析与融合［J］. 中国地质大学学报（社会科学版），2019，19（6）：51－60.

［75］史亚东. 公众环境关心对绿色出行的影响——基于北京市地铁客运量的实证分析［J］. 调研世界，2019（12）：9－15.

［76］史亚东. 公众环境关心对我国社会责任投资指数的影响［J］. 中国地质大学学报（社会科学版），2018，18（3）：34－45.

［77］史亚东. 公众环境关心指数编制及其影响因素——以北京市为例［J］. 北京理工大学学报（社会科学版），2018，20（5）：52－59.

［78］史亚东. 公众环境关心、中央环保督察与地方环保支出——采用空间双重差分模型的实证分析［J］. 西部论坛，2022，32（1）：66－82.

［79］史亚东. 公众诉求与我国地方环境法规的实施效果［J］. 大连理工大学学报（社会科学版），2018，39（2）：111－120.

［80］史亚东. 全球视野下环境治理的机制评价与模式创新［M］. 北京：知识产权出版社，2020.

［81］史亚东，阮世珂．公众环境诉求影响因素及其作用机制——基于北京市网络问政平台数据［J］．调研世界，2019（5）：11－17.

［82］苏治，胡迪．通货膨胀目标制是否有效？——来自合成控制法的新证据［J］．经济研究，2015（6）：74－88.

［83］孙施文，殷悦．西方城市规划中公众参与的理论基础及其发展［J］．国外城市规划，2004（1）：15－20.

［84］孙岩，宋金波，宋丹荣．城市居民环境行为影响因素的实证研究［J］．管理学报，2012，9（1）：144－150.

［85］托马斯·福特·布朗．社会资本理论综述［J］．木子西，译．马克思主义与现实，2000（2）：41－46.

［86］王芳．环境社会学新视野：行动者、公共空间与城市环境问题［M］．上海：上海人民出版社，2007.

［87］王辉．环境素养与生态素养［J］．科学时代，1997（1）：25－26.

［88］王林，潘陈益，朱文静，邓胜利．机构微博传播力影响因素研究［J］．现代情报，2018，38（4）：35－41.

［89］王林，潘陈益，朱文静．基于 h 指数、g 指数和 p 指数的微博影响力评价对比研究［J］．现代情报，2018，38（6）：11－18.

［90］王林，朱文静，潘陈益，吴江．基于 p 指数的微博传播力评价方法及效果探究——以我国 34 省、直辖市旅游政务官方微博为例［J］．情报科学，2018，36（4）：38－44.

［91］王岭，刘相锋，熊艳．中央环保督察与空气污染治理——基于地级城市微观面板数据的实证分析［J］．中国工业经济，2019（10）：5－22.

［92］王民．环境意识概念的产生与定义［J］．自然辩证法通讯，2000（4）：86－89.

［93］王贤彬，聂海峰．行政区划调整与经济增长［J］．管理世界，2010（4）：42－53.

［94］王薪喜，钟杨．中国城市居民环境行为影响因素研究——基于2013 年全国民调数据的实证分析［J］．上海交通大学学报（哲学社会科学版），2016，24（1）：69－80.

［95］王兴伦．多中心治理：一种新的公共管理理论［J］．江苏行政

学院学报，2005（1）：96－100.

［96］王志立. 行政听证制度：问题、原因与对策［J］. 中州学刊，2009（4）：13－16.

［97］韦倩. 增强惩罚能力的若干社会机制与群体合作秩序的维持［J］. 经济研究，2009，44（10）：133－143.

［98］邬晓燕. 基于大数据的政府环境决策能力建设［J］. 行政管理改革，2017（9）：33－37.

［99］邬子林，周志飞，邓瑞华. 右美托咪啶对机械性疼痛刺激的镇痛有效浓度测定［J］. 中国疼痛医学杂志，2014，20（10）：729－732.

［100］吴军，夏建中. 国外社会资本理论：历史脉络与前沿动态［J］. 学术界，2012（8）：67－76.

［101］吴灵琼，朱艳. 新生态范式（NEP）量表在我国城市学生群体中的修订及信度、效度检验［J］. 南京工业大学学报（社会科学版），2017，16（2）：53－61.

［102］吴燕，罗跃嘉. 利他惩罚中的结果评价——ERP 研究［J］. 心理学报，2011，43（6）：661－673.

［103］夏瑛，张东，赵乾. 环保督察中的环境诉求与政府回应——基于省级环保督察资料的实证分析［J］. 经济社会体制比较，2021（1）：69－79，105.

［104］谢娉. 第二方惩罚与第三方惩罚的产生机制差异比较［D］. 杭州：浙江大学，2013.

［105］新京报. 第一轮中央环保督察问责1.8万人　处级及以上875人［EB/OL］.（2017－12－28）. https：//baijiahao. baidu. com/s？id＝1587995 711142203866&wfr＝spider&for＝pc.

［106］新京报. 腾格里沙漠遭工业污染：管道插沙中散发着恶臭［R/OL］.（2014－09－06）. http：//env. people. com. cn/n/2014/0906/c1010－25615 844. html.

［107］徐艳群，吴国亮. 关于完善我国行政听证制度的思考——从圆明园湖底防渗工程听证会谈起［J］. 江西社会科学，2006（2）：190－193.

［108］徐映梅，高一铭. 基于互联网大数据的 CPI 舆情指数构建与

应用——以百度指数为例〔J〕. 数量经济技术经济研究，2017（1）：94－112.

〔109〕徐圆. 源于社会压力的非正式性环境规制是否约束了中国的工业污染？〔J〕. 财贸研究，2014（2）：7－15.

〔110〕徐梓淇. 生态公民〔M〕. 南京：江苏人民出版社，2014.

〔111〕许新军. 运用 P 指数评价期刊网络传播力〔J〕. 情报科学，2016，34（10）：104－107.

〔112〕杨春学. 利他主义经济学的追求〔J〕. 经济研究，2001（4）：82－90.

〔113〕杨佳佳，赵永艳. 大学生环保素养及影响因素分析——基于对 H 省 5 所高校的调查思考〔J〕. 黑龙江科学，2019，10（9）：162－164.

〔114〕杨柳勇，张泽野，郑建明. 中央环保督察能否促进企业环保投资？——基于中国上市公司的实证分析〔J〕. 浙江大学学报（人文社会科学版），2021，51（3）：95－116.

〔115〕杨秀勇，朱鑫磊. 环保 NGO 参与环境治理的作用效果、限度及行动策略——基于国内十个典型案例的实证分析〔J〕. 岭南学刊，2021（4）：45－54.

〔116〕姚荣. 府际关系视角下我国基层政府环境政策的执行异化——基于江苏省 S 镇的实证研究〔J〕. 经济体制改革，2013（4）：61－65.

〔117〕于文超，高楠，龚强. 公众诉求、官员激励与地区环境治理〔J〕. 浙江社会科学，2014（5）：23－35.

〔118〕原毅军，谢荣辉. 环境规制的产业结构调整效应研究——基于中国省际面板数据的实证检验〔J〕. 中国工业经济，2014（8）：57－66.

〔119〕岳伟，陈俊源. 环境与生态文明教育的中国实践与未来展望〔J〕. 湖南师范大学教育科学学报，2022，21（2）：1－9.

〔120〕曾婧婧，胡锦绣. 中国公众环境参与的影响因子研究——基于中国省级面板数据的实证分析〔J〕. 中国人口·资源与环境，2015，25（12）：62－69.

〔121〕詹姆斯·S. 科尔曼. 社会理论的基础〔M〕. 邓方，译. 北京：社会科学文献出版社，1999.

［122］张锋．环保社会组织环境公益诉讼起诉资格的"扬"与"抑"[J]．中国人口·资源与环境，2015，25（3）：169－176．

［123］张国兴，邓娜娜，管欣，程赛琰，保海旭．公众环境监督行为、公众环境参与政策对工业污染治理效率的影响——基于中国省级面板数据的实证分析［J］．中国人口·资源与环境，2019，29（1）：144－151．

［124］张宏翔，王铭槿．公众环保诉求的溢出效应——基于省际环境规制互动的视角［J］．统计研究，2020（10）：29－38．

［125］张华．地区间环境规制的策略互动研究——对环境规制非完全执行普遍性的解释［J］．中国工业经济，2016（7）：74－90．

［126］张巧巧，张红，杨文川．在校大学生环保意识调查与分析——以宁波大学为例［J］．兰州教育学院学报，2009，25（1）：49－51，57．

［127］张三峰，卜茂亮．嵌入全球价值链、非正式环境规制与中国企业 ISO14001 认证——基于 2004—2011 年省际面板数据的经验研究［J］．财贸研究，2015（2）：70－78．

［128］张彦博，李想．环境规制、技术创新与经济高质量发展——基于中央环保督察的准自然实验［J］．工业技术经济，2021，40（11）：3－10．

［129］张征宇，朱平芳．地方环境支出的实证研究［J］．经济研究，2010，45（5）：82－94．

［130］张宗新，王海亮．投资者情绪、主观信念调整与市场波动［J］．金融研究，2013（4）：142－155．

［131］赵鼎新．集体行动、搭便车理论与形式社会学方法［J］．社会学研究，2006（1）：121－243．

［132］赵海峰，李世媛，巫昭伟．中央环保督察对制造业企业转型升级的影响——基于市场化进程的中介效应检验［J］．管理评论，2021（6）：1－12．

［133］赵娜，李香菊．税收竞争与地区环保财政支出：传导机制及其检验［J］．财经理论与实践，2019，40（4）：95－100．

［134］郑思齐，万广华，孙伟增，罗党论．公众诉求与城市环境治理［J］．管理世界，2013（6）：72－84．

［135］中国互联网信息中心．CNNIC 发布《第 29 次中国互联网络发

展状况调查统计报告》［R/OL］．（2012－01－16）．http：//www. cnnic. cn/gywm/xwzx/rdxw/2012nrd/201207/t20120709_30807. htm.

［136］中国环境文化促进会．"中国公众环保民生指数"2008年度报告［R］．北京：中国环境文化促进会，2008.

［137］中国环境文化促进会．"中国公众环保民生指数"2005年度报告（全文）［R］．北京：中国环境文化促进会，2005.

［138］中华环保联合会．中国环保民间组织发展状况报告［J］．环境保护，2006（10）：60－69.

［139］中华人民共和国民政部．2007年度民政事业发展统计公报［R］．2007（12）.

［140］中华人民共和国民政部．2012年社会服务发展统计公报［R］．2012（12）.

［141］中华人民共和国中央人民政府．我国首份《全国生态文明意识调查研究报告》发布［R/OL］．（2014－02－20）．http：//www. gov. cn/jrzg/2014－02/20/content_2616364. htm.

［142］周崇华．兼顾企业发展和环境生态保护　宁夏腾格里沙漠污染公益诉讼系列案一审调解结案［R/OL］．（2017－09－01）．https：//www. chinacourt. org/article/detail/2017/09/id/2987346. shtml.

［143］周红云．社会资本：布迪厄、科尔曼和帕特南的比较［J］．经济社会体制比较，2003（4）：46－53.

［144］周黎安．行政发包制［J］．社会，2014（6）：1－10.

［145］周黎安．转型中的地方政府：官员激励与治理［M］．上海：格致出版社，2008.

［146］周亚虹，宗庆庆，陈曦明．财政分权体制下地市级政府教育支出的标尺竞争［J］．经济研究，2013，48（11）：127－139.

［147］周业安，章泉．财政分权、经济增长和波动［J］．管理世界，2008（3）：6－15.

［148］周志家．环境意识研究：现状、困境与出路［J］．厦门大学学报（哲学社会科学版），全球气候变化青年大会，2008（4）：19－26.

［149］朱海波．论我国的行政决策听证制度——以决策听证的法律效

力为视角［J］. 政治与法律，2013（7）：98－106.

［150］朱芒. 公众参与的法律定位——以城市环境制度事例为考察的对象［J］. 行政法学研究，2019（1）：3－17.

［151］竺效. 圆明园湖底防渗工程公众听证会的法律性质研究［J］. 河北法学，2005，23（8）：35－40.

［152］竺效. 中国公众参与环境保护的法律保障及案例分析［J］. 环境经济，2011（12）：22－31.

［153］卓光俊. 我国环境保护中的公众参与制度研究［D］. 重庆：重庆大学，2012.

［154］最高人民法院. 指导案例75号中国生物多样性保护与绿色发展基金会诉宁夏瑞泰科技股份有限公司环境污染公益诉讼案［R/OL］.（2017－01－03）. https：//www. chinacourt. org/article/detail/2017/01/id/2502915. shtml.

［155］Abadie A，Diamond A，Hainmueller J. Synthetic control methods for comparative case studies：Estimating the effect of California's tobacco control program［J］. *Journal of the American Statistical Association*，2010，105（490）：493－505.

［156］Abadie A，Gardeazabal J. The economic costs of conflict：A case study of the Basque Country［J］. *American Economic Review*，2003，93（1）：112－132.

［157］Acemoglu D，Johnson S，Robinson J. *Institutions as a fundamental causeof economic growth*［M］//Aghion P，Durlauf S. *The Handbook of Economic Growth*. Amsterdam：Elsevier，2005.

［158］Acemoglud，Johnson S，Robinson J. The colonial origins of comparative development：An empirical investigation［J］. *American Economic Review*，2001，60（2）：1369－1401.

［159］Anton W R，Deltas G，Khanna M. Incentives for environmental self-regulation and implications for environmental performance［J］. *Journal of Environmental Economics & Management*，2004，48（1）：632－654.

［160］Arellano M，Bover O. Another look at the instrumental variable estimation of error-components models [J]. *Journal of Econometrics*, 1995, 68 (1): 29 – 52.

[161] Bamberg S, Möser G. Twenty years after Hines, Hungerford, and Tomera: A new meta-analysis of psycho-social determinants of pro-environmental behavior [J]. *Journal of Environmental Psychology*, 2007, 27 (1): 14 – 25.

[162] Baron R, Kenny A. The Moderator-mediator variable distinction in social psychological research: Conceptual, strategic, and statistical considerations [J]. *Journal of Personality and Social Psychology*, 1986, 51 (6): 1173 – 1182.

[163] Beck T, Levkov R L. Big Bad Banks? The Winners and Losers from Bank Deregulation in the United States [J]. Journal of Finance, 2010, 65 (5): 1637 – 1667.

[164] Beierle T C, Cayford J. Democracy in practice: Public participation in environmental decisions [M]. Washington, DC: Resources for the Future, 2002.

[165] Bertrand M, Mullainathan S. How much should we trust differences-in-differences estimates [J]. *Risk Management & Insurance Review*, 2004, 119 (1): 173 – 199.

[166] Cherubini, Umberto, E. Luciano, W. Vecchiato. Copula Method in Finance [M]. Hoboken: Wiley, 2004.

[167] Choi H, Varian H. Predicting the present with google trends [J]. *Economic Record*, 2012 (88): 33 – 43.

[168] Collins C R, Neal J W, Neal Z P. Transforming individual civic engagement into community collective efficacy: the role of bonding social capital [J]. *Am J Community Psychol*, 2016, 54 (3 – 4): 328 – 336.

[169] Costa D L, Kahn M E. Do liberal home owners consume less electricity? A test of the voluntary restraint hypothesis [J]. *Economics Letters*, 2013, 119 (2): 210 – 212.

[170] Costa D L, Kahn M E. Energy conservation "nudges" and environmentalist ideology: evidence from a randomized residential electricity field experi-

ment［J］. *Journal of the European Economic Association*, 2010, 11（3）：680 – 702.

［171］Daron Acemoglu, Matthew O. Jackson. History, Expectations, and Leadership in the Evolution of Social Norms［J］. *Review of Economic Studies*, 2015, 82（2）：423 – 456.

［172］Dasgupta S, Wheeler K D. *Citizen complaints as environmental indicators：Evidence from China*［M］. Washington DC：World Bank Publications, 1997.

［173］Dunlap R E. The new environmental paradigm scale：From marginality to worldwide use［J］. *The journal of environmental education*, 2008, 40（1）：3 – 18.

［174］Dunlap R E, Van Liere K D, Mertig A G, Jones R E. New trends in measuring environmental attitudes：Measuring endorsement of the new ecological paradigm：A revised NEP scale［J］. Journal of Social Issues, 2000, 56（3）：425 – 442.

［175］Dunlap R, Jones R. Environmental concern：Conceptual and measurement issues［M］//Handbook of Environmental Sociology. London：Greenwood, 2002.

［176］F. Allen, Qian Jun, Qian Meijun. Law, finance and economic growth in China［J］. *Journal of Financial Economics*, 2005, 77（1）：57 – 116.

［177］Gatersleben B, Steg L, Vlek C. Measurement and determinants of environmentally significant consumer behavior［J］. *Environment & Behavior*, 2016, 34（3）：335 – 362.

［178］Greenstone Michael, Hanna R. Environmental regulations, air and water pollution and infant mortality in India［J］. *American Economic Review*, 2014, 104（10）：3038 – 3072.

［179］Hines J M, Hungerford H R, Tomera A N. Analysis and synthesis of research on responsible environmental behavior：A meta-analysis［J］. *Journal of Environmental Education*, 1987, 18（2）：1 – 8.

［180］Hirshleifer D, Shumway T. Good Day Sunshine：Stock Returns and the Weather [J]. *Journal of Finance*, 2003, 58 (3): 1009 – 1032.

[181] Hommerich, Carola. Feeling Disconnected: Exploring the relationship between different forms of social capital and civic engagement in Japan [J]. *Voluntas: International Journal of Voluntary and Nonprofit Organizations*, 2015, 26 (1): 45 – 68.

[182] J P, Forgas. Mood and judgment: The affect infusion model (AIM) [J]. *Psychological Bulletin*, 1995, 117 (1): 39 – 66.

[183] Kahn M E. Do greens drive Hummers or hybrids? Environmental ideology as a determinant of consumer choice [J]. *Journal of Environmental Economics & Management*, 2007, 54 (2): 129 – 145.

[184] Kahn M E, Kotchen M J. Business cycle effects on concern about climate change: The chillingeffect of recession [J]. *Climate Change Economics*, 2011 (3): 257 – 273.

[185] Kaiser F G, Wölfing S, Fuhrer U. Environmental attitude and ecological behaviour [J]. *Journal of Environmental Psychology*, 1996, 19 (1): 1 – 19.

[186] Lalonde R E, Jackson L. The new environmental paradigm scale: Has it outlived its usefulness? [J]. *The Journal of Environmental Education*, 2002, 33 (4): 28 – 36.

[187] Landry P. F. Decentralized Authoritarianism in China: The Communist Party's control of local elites in the post-Mao era [M]. New York: Cambridge University Press, 2008.

[188] Lee K. The role of media exposure, social exposure, and biospheric valueorientation in the environmental attitude-intention-behavior model in adolescents [J]. *Journal of Environmental Psychology*, 2011, 31 (4): 301 – 308.

[189] Lerner J S, Keltner D . Beyond valence: Toward a model of emotion-specific influences on judgement and choice [J]. *Cognition & Emotion*, 2000, 14 (4): 473 – 493.

[190] Lihua W U, Tianshu M A, Bian Y, et al. , Improvement of regional environmental quality: Government environmental governance and public par-

ticipation [J]. *Science of the Total Environment*, 2020 (717): 1 – 12.

[191] Lu Y, Tao Z. Contract enforcement and family control of business: Evidence from China [J]. *Journal of Comparative Economics*, 2009, 37 (4): 597 – 609.

[192] Maloney M P, Ward M P, Braucht G N. A revised scale for the measurement of ecological attitudes and knowledge [J]. American Psychologist, 1975, 30 (7): 787 – 790.

[193] Mark, Beeson. The coming of environmental authoritarianism [J]. *Environmental Politics*, 2010, 19 (2): 276 – 294.

[194] Milfont T L, Duckitt J. The environmental attitudes inventory: A valid and reliable measure to assess the structure of environmental attitudes [J]. *Journal of Environmental Psychology*, 2010, 30 (1): 80 – 94.

[195] North Douglass. Institutions, Institutional change, and economic performance [M]. Cambridge: Cambridge University Press, 1990: 36 – 45.

[196] Oates W E. The Effectsof Property Taxes and Local Public Spending on Property Values: An Empirical Study of Tax Capitalization and the Tiebout Hypothesis [J]. *Journal of Political Economy*, 1969 (77): 957 – 971.

[197] Osborne S P. The New Public Governance? [J]. Public Management Review, 2006, 8 (3): 377 – 387.

[198] Ostrom E . Beyond Markets and States: Polycentric Governance of Complex Economic Systems [J]. *The American Economic Review*, 2010, 100 (3): 641 – 672.

[199] Owen Ann, Lvideras Julio R. Culture and public good: The case of religion and voluntary provision of environmental quality [J]. *Journal of Environmental Economics and Management*, 2007, 54 (2): 162 – 180.

[200] Prathap G. A performance index approach to library collection [J]. *Performance Measurement and Metrics*, 2010, 11 (3): 259 – 265.

[201] Putnam R. D. The Prosperous Community: Social Capital and Public Life [J]. *American Prospect*, 1993 (13): 35 – 42.

[202] Roemer J E . Kantian optimization: A microfoundation for coopera-

tion [J]. *Journal of Public Economics*, 2015, 127 (7): 45 -57.

[203] Ronald La Due Lake, Robert Huckfeldt. Social capital, social networks, and political participation [J]. *Political Psychology*, 1998, 19 (3): 567 -584.

[204] Saunders E M. Stock prices and wall street weather [J]. *American Economic Review*, 1993 (5): 1337 -1345.

[205] Scharkow Michael, Vogelgesang Jens. Measuring the Public Agenda using Search Engine Queries [J]. *International Journal of Public Opinion Research*, 2011, 23 (1): 104 -113.

[206] Scharkow M, Vogelgesang J. Measuring the public agenda using search engine queries [J]. *International Journal of Public Opinion Research*, 2011, 23 (1): 104 -113.

[207] Schneider J A. Social capital, civic engagement and trust [J]. Anthropologica, 2008, 50 (2): 425 -428.

[208] Sia A P, Hungerford H R, Tomera A N. Selected predictors of responsible environmental behavior: An analysis [J]. *Journal of Environmental Education*, 1986, 17 (2): 31 -40.

[209] Smith Sebasto N J. The Revised Perceived Environmental Control Measure: A Review and Analysis [J]. *Journal of Environmental Education*, 1992, 23 (2): 24 -33.

[210] Stern P C. Toward a coherent theory of environmentally significant behavior [J]. *Journal of Social Issues*, 2000, 56 (3): 407 -424.

[211] Tiebout, Charles M. A Pure Theory of Local Expenditures [J]. *Journal of Political Economy*, 1956, 64 (5): 416 -424.

[212] Tietenberg T. Disclosure Strategies for Pollution Control [J]. *Environmental & Resource Economics*, 1998, 11 (3 -4): 587 -602.

[213] Warren A M, Sulaiman A, Jaafar N I. Social media effects on fostering online civic engagement and building citizen trust and trust in institutions [J]. *Government Information Quarterly*, 2014, 31 (2): 291 -301.

[214] Weigel R, Weigel J. Environmental concern: The development of a

measure [J]. Environment and Behavior, 1978, 10 (1): 3 –15.

[215] William, Robert, Nelson, et al. Incorporating Fairness into Game Theory and Economics: Comment [J]. *American Economic Review*, 2001, 91 (4): 1180 –1183.

[216] Xu Chenggang. The fundamental institutions of China's reforms and development [J]. *Journal of Economic Literature*, 2011 (4): 1076 –1151.

图书在版编目（CIP）数据

大数据背景下公众参与环境治理的程度评估与作用机
制研究／史亚东著． －－北京：经济科学出版社，
2023.9
ISBN 978 - 7 - 5218 - 5188 - 5

Ⅰ.①大…　Ⅱ.①史…　Ⅲ.①公民－参与管理－环境
综合整理－研究－中国　Ⅳ.①X322

中国国家版本馆 CIP 数据核字（2023）第 186220 号

责任编辑：初少磊　杨　梅
责任校对：齐　杰
责任印制：范　艳

大数据背景下公众参与环境治理的程度评估与作用机制研究
DASHUJU BEIJINGXIA GONGZHONGCANYU HUANJINGZHILI DE
CHENGDUPINGGU YU ZUOYONGJIZHI YANJIU
史亚东　著
经济科学出版社出版、发行　新华书店经销
社址：北京市海淀区阜成路甲 28 号　邮编：100142
总编部电话：010 - 88191217　发行部电话：010 - 88191522
网址：www. esp. com. cn
电子邮箱：esp@ esp. com. cn
天猫网店：经济科学出版社旗舰店
网址：http：//jjkxcbs. tmall. com
北京季蜂印刷有限公司印装
710 × 1000　16 开　14.25 印张　220000 字
2023 年 9 月第 1 版　2023 年 9 月第 1 次印刷
ISBN 978 - 7 - 5218 - 5188 - 5　定价：59.00 元
（图书出现印装问题，本社负责调换。电话：010 - 88191545）
（版权所有　侵权必究　打击盗版　举报热线：010 - 88191661
QQ：2242791300　营销中心电话：010 - 88191537
电子邮箱：dbts@ esp. com. cn）